森林公园生态文化解说
——基于花岩国家森林公园实践

李 健 罗 芬 著

U0309972

中国林业出版社

图书在版编目（CIP）数据

森林公园生态文化解说：基于花岩国家森林公园实践 /
李健，罗芬著 . —北京：中国林业出版社，2013.9
ISBN 978-7-5038-7178-8

Ⅰ . ①森…　Ⅱ . ①李…②罗…　Ⅲ . ①森林公园—文化生
态学—研究—瑞安市　Ⅳ . ① S759.992.554

中国版本图书馆 CIP 数据核字（2013）第 210017 号

　　本著作为浙江省社科联社科普及课题成果（12ND37）、湖南省教育
科学"十二五"规划课题（XJK011QXJ003）成果，并得到浙江农林大学
出版基金资助

责任编辑：李　顺　王思明　　电话、传真：（010）83223051

出　　版：中国林业出版社（100009　北京西城区德内大街刘海胡同 7 号）
网　　址：http://lycb.forestry.gov.cn/
电　　话：（010）83224477
发　　行：中国林业出版社发行中心
印　　刷：北京卡乐富印刷有限公司
版　　次：2013 年 9 月第 1 版
印　　次：2013 年 9 月第 1 次
开　　本：787mm×960mm　1/16
印　　张：9.75
字　　数：250 千字
定　　价：50.00 元

上帝住在森林里

这是两位青年学者的一部新著，建立在生态文化视阈下的一座国家森林公园的人文解说。

森林是一个极为深刻的命题，学界早有这样的命题提出：在史学界目前公认的人类文明进化时期的几大进程中，是否应该在石器时代、青铜时代和铁器时代之前，加入木器时代这一不可或缺的历史时期。

持此类观点的学者证据之一，便是我们作为历史唯物主义者，相信人类从猿到人的演进过程。人最初是从森林古猿开始演化而来，而森林古猿，顾名思义，便是从森林而来，从树上而来，缘木而生；森林在衣食住行上，无一不给人类最初的历史打下基因般的印记。衣，我们都知道树叶做衣的故事。在西方，有圣经故事中的亚当夏娃，他们是住在花园里的苹果树下的，偷吃禁果后是用树皮树叶裹身离开伊甸园的；中国有聊斋说到仙女用芭蕉叶作锦衣的故事；食，森林中生产出来的果实供人延续生命，这是人类生存的重要来源；住，以木建屋甚至直接住在树木。唐代有个佛学大师，直接住在树上，就叫鸟巢大师；行，木车、木舟，都是从树来的，树在哪里呢？成批的树，肯定就在森林里啊！一开始都从木开始。

古语有云："宇为天，宙为地，森为万物"，万物生生不息，木为万物之源，万物依木而生，"道法自然，天人合一"的哲学观和民间广为流传的"盛木为怀"的宗教情节，人类始终对森林不离不弃，是生命的依靠或是更多的钟情。从人类做为大自然一个种族保护自己的本能，森林成为人类的天然避难所。所以，在诺贝尔文学奖得主帕斯捷尔纳克的《日瓦戈医生》中，他将森林与平原对立了起来，用许多美好的词汇歌唱森林，并且说：上帝住在森林里。

生态文化是人类在与自然互动发展过程中所形成的对自然环境的适应性体

系，表征人对自然的态度与方式，是人类的自然意识和环境意识的一种形态。生态文化是生态文明的基础，生态文明是建立在生态文化基础上的一个目标，是在生态文化中形成的精华。发展繁荣的生态文化，是建设生态文明的前提条件。随着民众生活水平的提高、可支配收入的增加、休闲时间的增多以及区域旅游交通网络的完善，旅游已经成为我国民众的一种重要生活形态，也是生态文化宣传、交流的和共享的一个重要平台。特别是森林公园、自然保护区、风景名胜区等旅游目的地已成为我国生态文明建设与生态文化传播的重要载体。

森林生态文化，是人与森林、人与自然之间建立的相互依赖、相互作用、相互融合的关系，以及由此创造的物质文化与精神文化的总和。我们既然已知森林是人类的摇篮，人类的生活与森林息息相关，森林是人类的向往之地。森林中的众多物事，都承载着深厚的生态文化。森林旅游是人们"认识森林、亲近自然、了解自然"的重要途径，森林公园无疑是森林生态文化教育的"大课堂"，在生态文明建设和生态文化传播中肩负着特殊且重要的使命。

由李健、罗芬两位作者所撰写的《森林公园生态文化解说——基于花岩国家森林公园实践》一书，是以生态文明建设为出发点，以生态文化宣传为着力点，以国家森林公园为平台，着眼于森林中的一草、一物、一山、一水等独特的自然与文化景观，通过解说媒体的多样化设计、讲解词的精心编撰、地方文化的深厚挖掘等多样的文化表现形式与表现内容，是首次在国家森林公园建设生态文明、实践生态文化的具体表现，具有开创性的意义。

浙江省生态文化研究中心副主任
著名作家、茅盾文学奖得主　　王旭烽　　教授

Preface 前言

　　森林生态文化，是人与森林、人与自然之间建立的相互依赖、相互作用、相互融合的关系，以及由此创造的物质文化与精神文化的总和。

　　森林中的众多物事，都承载着深厚的生态文化。无论是遗存的森林古道传递的古文化历史，还是古树名木表征的坚韧特质，无论是见证沧桑巨变的鲜活生命体，还是从对人类健康有益的空气负离子、植物精气等，都是生态文化重要的载体。人类诞生至今，生活的方方面面处处镌刻着生态文化发展的印迹。人们可以通过对森林公园文化内涵的挖掘，打造高品位、高质量的生态文化产品，从而传承和展示物质、精神和制度三个层次的生态文化。

　　森林旅游是人们"认识森林、亲近自然、了解自然"的重要途径，森林公园无疑是森林生态文化教育的"大课堂"，在建设生态文明中肩负着特殊的使命。森林公园是以森林景观为主体，具有地质、地貌特征和良好生态环境，融自然景观与人文景观于一体，经科学保护和适度开发，为人们提供游览观光、科学考察、休闲度假的生态型多功能旅游场所，是林业面向社会、联系社会的重要窗口。

　　森林公园传播的是生态文化，这种传递使用的工具就是解说系统。森林公园生态文化解说的功能就是基本信息和导向服务；帮助旅游者了解并欣赏旅游区的资源及价值；加强旅游资源和设施的保护；鼓励游客参与旅游区管理、提高与旅游区有关的游憩活动技能；提供一种对话的途径，使旅游者、社区居民、旅游管理者相互交流，达成相互间的理解和支持，实现旅游目的地的良好运行；提供一种最有效的游憩性学习。

　　温州花岩国家森林公园位于浙江省瑞安市西北部，飞云江北岸的大山幽谷中。由九龙溪飞瀑银潭游览区、五云山岳顶花园避暑区、大洋坑森林生态保护区、三个尖森林探险野营区等四个功能区组成，总面积 2668hm^2。森林公园内地形起伏，山峻坡陡，危岩奇峰，碧潭飞瀑，树木葱郁，花卉奇异，是一处以翠林、银瀑、碧潭花岗岩地貌为特色，以森林旅游、观光度假、避暑休闲、科普考察、探险野营为主要功能的国家级森林公园。

　　花岩国家森林公园前身为瑞安市国营红双林场。2002 年 11 月，国家林业局林场发〔2002〕274号同意在此建立国家森林公园。2003年7月编制完成《浙江省花岩国家森林公园总体规划》。目前，森林公园内外交通、供电、通讯、办公、生活等基础设施逐渐完善，建成了游客中心、旅游小木屋、游步道等游览服务设施，并通过媒体的宣传，使森林公园在本地有了一定的知名度，其建设已初具规模。

当前森林公园游览者主要为利用双休日和节假日自发开展休闲活动的温州市及本地游客，人数约在60000人/年左右。此外，森林公园内的花岩古庙及优美动人的传说，在本地颇具影响力，每年都吸引众多善男信女前来朝圣。随着森林公园对外交通的完善和游览接待设施的进一步配套，森林公园将具有良好的发展前景。

如何突出森林公园特色，传播森林生态文化成为花岩国家森林公园工作的重点。同时，花岩国家森林公园希望借不同解说媒体与游客的沟通，提高游客的生态环境意识，增强游客的旅游体验，增进其对景区生态环境的了解与支持，促进景区开发与旅游开发相结合。

本著作提出在"产品营销、潮流设计、以人为本、追求实效、打造精品"的理念下，按照"科学性、艺术性、时效性和趣味性"的原则，贯彻旅游解说内容设计的ABCD法则（吸引性、简短性、清晰性和生动性），以"营销式解说理念"来进行花岩国家森林公园生态文化传播。本书从森林公园的地质地貌、野生动植物、森林生态环境到花岩寺、诗词歌赋、传说故事等自然与人文方面总结了花岩国家森林公园具有特色的森林生态文化解说资源，并在考虑游客的旅游动机、兴趣、偏好等游客心理需求上，从指引牌示系统、解说牌示系统、管理牌示系统和教育性牌示系统等方面对花岩国家森林公园内公园入口沿九龙溪至天外飞瀑区域旅游解说系统进行了实践研究。

本书的撰写和成果出版得到了浙江省社科联、浙江省生态文化研究中心、浙江农林大学科技处长陈永富教授支持，得到了花岩国家森林公园苏仕贤主任对研究工作的大力支持，同时也得到了中南林业科技大学旅游学院钟永德教授，罗明春教授，颜玉娟副教授的热心帮助和浙江农林大学薛群慧教授的大力支持。感谢中国林业科技大学黄爱亮、黄乐、朱玲、王长凤、李永芬、谌渝、罗鲁、朱业思、朱珊珊等同学的帮助。特别感谢深圳诚和电子实业有限公司何伟仙先生为此著的顺利出版所作的倾力支持。

著作是对森林生态文化传播与建设的一次探索，由于水平有限，错误、纰漏之处在所难免，真诚地希望各位专家、学者批评指正。

作　者
2013年夏于杭州紫金港

Content 目录

第六章　解说实质实践

第七章　生态文化讲解词撰写实践

第二篇　森林公园生态文化解说设计示例

第三篇　森林公园生态文化解说手册设计示例

第一篇 森林公园生态文化解说理论构建与实践

第一章　森林生态文化解说系统构建

第一节　解说理论

一、解说的定义

本书回顾中外学者对解说的定义，现说明如下：

● 解说之父 Freeman Tilden（1957）在其所著的书《解说我们的遗产》一书中描述：解说是一种教育性活动，其目的在于运用原始事物、借用直接的体验及说明性的媒体，去揭示此事物的意义与关系，而非仅仅传播一种事实的知识。

● Sharp（1982）认为：解说是公园、森林及类似的游乐品的一种游客服务，许多来到这些地区的游客除了放松心灵外，也希望能够学习有关这个地区的自然和人文资源。因此解说可视为对游客产生激励作用的、解释现象与达到娱乐效果的沟通桥梁。

● National Park Service（美国国家公园管理局）（2001）认为：协助游客感受解说员所感受的一切：如对美的敏感，了解环境的复杂性、变化性与其本身之相关，引发好奇的感觉与求知的欲望等等。解说员须使其置身于环境中而感受到自然，并协助游客发展知觉感受的能力。

● 吴忠宏（1997）将解说定义为：解说是一种信息传递的服务，目的在于告知与取悦游客，并阐释现象背后所代表的含意，提供相关的信息来满足每一个人的需求与好奇，同时又不偏离中心主题，并能激励游客对所描述事物产生新的见解与热忱。

● 罗芬，钟永德等（2005）主张：针对环境解说特征，提出了 NEROT（自然性、愉悦性、相关性、针对性与主旨性）。

归纳上述学者对于解说的研究，可以发现解说是多方面的综合体，既是传递渠道、教育活动，也是一种服务，更是一门艺术，解说不仅是人、环境与管理者三者连接的桥梁，其也可以启发人们对于环境与资源的兴趣、关注或行动。

二、解说、信息、导引、环境教育辨析

在上面对旅游解说的定义介绍中，也可知道旅游解说与其他相关概念的区别，如信息、导引等。由于旅游解说的源头与发展基础是环境教育，所以其与环境教育的异同也需要区别。另外在旅行过程中，景区内外提供的导引服务之间的关系也需辨别。

在解说（Interpretation）定义的介绍中我们得出，解说是一种信息的传递，是一种人与环境之间相关沟通的过程或活动，是将某特定区域内自然环境与人文环境的特性，经由各种媒体或活动方式传达给特定的对象（如居民、游客、信众、学生等）的工作。其目的在于引起这些特定对象对当地环境的关注与了解，如对自然保护、古迹维护、民俗艺术文化的热诚参与；通过感性与理性的了解与欣赏，提升较高质量的生活体验；且通过新的感受与经验，产生对自然环境与人文环境的关怀，透过认识与了解，进而培养积极参与、爱护、建设环境的情怀，达到寓学于乐或寓教于乐的目的。

信息（Information）是指给游客提供某个景区（点）的事实与数据，提供与景区（点）管理或与游客安全利益相关的建议。

导引（Orientation）是指向游客提供景区（点）和相关设施的导向、地图、指示或路标等以展示游客目前所处的位置或地点。

环境教育（Environmental Education）是以达到改善环境为目的教育过程；是教导人们在实际面对有关环境质量的课题时，如何做决定，并发展自我行为的依据准则。

户外教育（Outdoor Education）是指课堂外的活动，基于发现学习原则与感官的使用，从直接的、实际的、生活的体验中学习，并借助户外习得的智能，促进学生认识自我及其在社会环境中的角色，并有助于特定主题（如如环境、资源）的了解。

信息和定位并没有必要向公众解释景区（点）资源的显著性，所以它们均不是解说，但是解说都包含信息与定位。环境教育与户外教育也没有必要涉及景区（点）资源的重要性，事实上它涉及的内容也非常少，所以它们也不是解说。解

说是一种交流过程，如果这个过程在以一种对受众富有意义的方式阐述和转化信息时，环境"教育"就产生了。在交流过程包括了：①接受信息，②理解信息，③记住信息，④以某种方式使用信息后，真正的"教育"就产生了。在许多正式环境教育项目中，基本上没有出现真正的"教育"结果。参与者可能是接受信息，记住部分信息，但是没有真正理解他们反馈给教室的回答。在一些正式的课堂环境教育项目中，教师们使用解说技术来使他们的学生对所学内容受到鼓舞、感动、兴奋，从而产生良好的环境教育效果（Veverka，1995）。

表1-1　实地解说与学校户外环境教育的相关因子比较表

类型　　项目	实地解说	学校环境教育
目标	总是努力寻找景区（点）的重要性和使游客接受景区（点）的保护信息。	几乎很少涉及景区（点）的重要性，教学目标几乎不与景区（点）的保护相关联。
目标受众	为临时性受众设计。来到景区（点）参观的每个人都是游客。目标受众是家庭成员。游客此行的目的是为旅游体验，而不是为接受教育或道德提高。	专门为学校学生设计，与解说受众的多样性相比，他们基本上具有相同的年龄与能力。学生此行的目的是为了接受教育，同时也有教师陪同。
临时受众与准备	游客没有打算此行，也没有预订任何服务。临时性游客一般数量较多，单个保护人员难于管理。因此，解说使用媒体工具向游客传递解说信息。	学生一般在来之前都做了一定的准备，他们在实地参观之后，都要在教室内继续学习。预定系统可以保证班级获得当地保护人员或相关专家的帮助。
非正规游客VS正规教育	临时性游客不愿意在旅行中工作或"回学校"。	实地调查经常是利用了当地的识别物、地图和工作表等，其一般是与学校的课程相关。
	解说者利用小孩与父母的各种体验。	户外班级利用小孩/成年人的多样体验的程度与家庭团体的体验不一。
动机	为了激发家庭团体的动机，解说人员自身树立一个良好、亲善的形象，向家庭成员介绍各种游戏或交互式技术的组成成分。	学生群体很容易激发，但是游戏技术对他们的回应更大。在这个方面，老师也与解说人员使用同样的解说技术。
受众需求与市场渗透	保护人员的服务是不能够满足所有游客的需求的。	保护人员的服务有很强的意识，其目的就是与学校共同合作，提高学生的环境意识。
停留时间与教育技术	解说人员期望受众听众的服务时间为30分钟左右。良好的解说人员能使其受众接受解说的时间延长。在解说过程中，不易使用启发式解说方式，因为成年人是期待直问直答。游客中心能够提供直接信息。	学校参观的时间一般为半天或一天，因此其充分利用启发式或发现式教学方式。直接给予学生答案，组织学生获得第一手的体验。学校团体一般从来不会去游客中心参观。

三、解说的目标

在阐述旅游解说的目标之前,我们不妨导入一个概念:游憩性学习(约翰·A·维佛卡,郭毓洁等,2008)。

游憩性学习是指游客在到访公园、森林、历史遗迹、动物园等地方时通常最感兴趣的学习活动。在很多情况下,人们到访一个景点的主要目的并不是为了单纯地听到解说。比如在森林公园里,游客到访的主要目的是为了参与一系列的游憩活动(如野营、徒步旅行、森林浴、钓鱼、划船等)。

游客是怀着"度假的心情"而来的,他们想度过一段愉快的时光。因此任何一项旅游中的学习活动必须也是一种游憩活动。解说服务必须坚持这样一种理念,即学习是有趣而愉快的。这样,学习自然环境、动物、历史或其他任何知识,对于游客而言就成为另一种游憩的机会。同时,游憩性学习的经历应当鼓励游客"自己来选择"他们认为好玩和有趣的学习机会。这就对我们的解说工作提出了很高的要求。我们需要宣传各项解说活动,而这种宣传的方式必须能够激发起游客的兴趣,并将解说信息与游客的日常生活相关联,给其一个放弃其他游憩活动而选择我们的解说项目或服务的理由。

从上述中、外学者对解说所下的定义,我们可以了解到解说的产生与发展主要基于以下原因。

(一)游客认知的需要

现代心理学认为,认知(cognition)有广义狭义两种含义,其中广义的认知与认识是同一概念,是人脑反映客观事物的特性与联系,并揭露事物对人的意义与作用的心理活动。现代认知心理学强调认知的结构意义,认为认知是以个人已有的知识结构来接纳新知识,新知识为旧知识结构所吸收,旧知识结构又从中得到改造与发展。

旅游解说首先的主要目的是为旅游者的信息服务,例如旅游者在开始准备旅行之前,通过书籍、网络等媒体收集旅游目的地的相关信息,从而决定其旅游目的地,包括旅游目的地的旅游资源、民俗风情、历史文化等;在旅游者旅游过程中,出于自身对旅游目的地认知较为单一,需要通过旅游解说服务(导游员、解说牌、解说出版物等)满足其认知目的,从而加深其对旅游目的地自然与历史文化资源的认同。

（二）资源保护的需要

旅游资源是旅游开发的必备条件之一，是旅游业依存的物质基础，是构成旅游产品的重要组成部分。没有旅游资源，就没有旅游业的生存与发展。然而，旅游资源在经过开发成为旅游产品后，会受到不同程度的影响和破坏，对旅游资源自身的品质、美誉度等产生影响，从而最终减弱旅游资源对旅游市场的吸引力。

以资源为基础的旅游业需要可持续发展，一方面要吸引游客前来，另一方面又要防止游客所可能带来的破坏。游客管理策略可以分成四个主要类型：管制性（regulatory）、实体性（physical）、经济性（economic）和教育性（educational），其中教育性的处理方法，对旅游景区（点）的可持续发展具有积极的效果，其中对自然（生态）旅游最为合适；也就是说解说不仅能教导游客对自然的尊重，它也有多重的角色，可以达成管理上的目标（Beckmann，1989）。

（三）游客体验的需要

旅游作为一种满足高层次需求的活动，可以满足人们对"新、奇、异、美、特、乐、康、食、文化、知识"等的需求。对于每一位旅游者而言，不论其旅游过程的互动客体多么相似，由于旅游者自身与旅游目的地历史文化等方面的差异，从旅游中所获得的感受也不会完全相同。由于旅游涉及"食、住、行、游、购、娱"六个方面，旅游者所获得的感受应该是这六方面经历所带来的综合感受。旅游服务是服务人员在与旅游者互动的过程中完成的。现在许多体验式旅游项目的开展更需要旅游者的参与。不管旅游给旅游者最后带来的是什么样的结果，都会在旅游者心中留下深刻的印象。

目前景区（点）所提供的旅游产品，如果严格以体验的内涵和特征为依据，绝大多数称不上体验。旅游管理部门为了满足游客的旅游体验需求与自身景区的开发与发展，就必须要求其设计出综合性强、文化性丰、参与性高、服务性重、满足感足等特点的旅游体验产品，促进旅游业的发展。

（四）可持续发展的需要

在旅游研究中，旅游解说被认为是一种积极有效的管理方式，其最终目的是促进旅游目的地、景区（点）的可持续发展，包括经济、环境与社会文化等三方面的内容。Bill Bramwell & Bernard Lane（1993）认为旅游解说至少可以从五个方面促进旅游景区的可持续发展：①在游客管理上，解说可以在时间与空间上影响游客运动，指导游客远离环境脆弱区域，也可以开发替代性、低使用旅游目的地。②在当地经济发展上，解说设施与活动能够给当地社会带来经济效益，也会延长游客在旅游目的地的停留时间。③在当地环境利益上，解说的特定目的就是加强对自然与文化资源的保护，如加强游客对旅游目的地的环境与居民的了解，通过改变自身行为来支持与保持旅游目的地的发展。④在社区参与上，如果当地社区能够积极参与，旅游解说可以带来更多的利益和更好地促进目的地的可持续发展，如当地居民积极参与解说能够鼓励社区理解、重视与保持环境，文化资源和遗产等。⑤在态度与价值上，成功的解说可以帮助游客对旅游目的地的理解与尊重，刺激旅游目的地民众在其资源与现行生活的自豪感，另外在短期上也可以鼓励人们的个人发展和自我实现，长期上引发个人生活方式与行为模式的变化，这些都是有利于旅游业的可持续发展。

总括起来，解说是为了希望去达到下列三项目标。

（一）协助游客对其所造访的地方，产生并发展出一种敏锐的认知、了解与欣赏，使其获得丰富而愉悦的经验。

（二）达成经营管理的目的，可用以下两种方式：

● 解说可鼓励游客审慎的使用游憩资源，并加强他们的观念，让他们知道公园是特殊的地方、需要特殊的行为。

● 解说可以让游客了解到有许多不同的方式去减少人类对资源的冲击。

（三）解说的第三个目标是促进大众了解这个机构的目标与宗旨。每个机构或公司都有信息想要传达给社会大众。良好的解说可以促进大众对他的形象的深化。

四、解说媒体类型

凡是传达某种内容的物理性媒体都可称为媒体，而广义的媒体则包括使用这些物理性媒体，去引起接受者反应的手段及方法。传达解说信息主题的方法、设置及工具众多。本节所回顾的解说媒体是指将解说信息、主题，传达给游客的方法、设置及工具。

美国著名解说学家 Grant W. Sharpe 在他 1982 年所出版 的《环境解说》一书中，将解说媒体分成两大类，即人员（伴随）解说及非人员（非伴随）解说。其中人员解说包括资讯服务、活动引导解说、解说讲演和生活剧场；非人员解说包括多媒体解说、解说牌、解说出版物、自导式步道、自导式汽车导览、展示、非现场解说等。

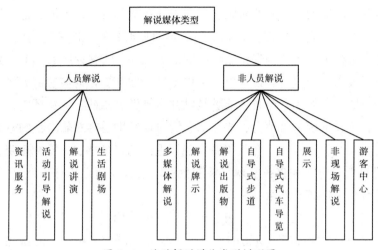

图 1-1　旅游解说媒体类型树形图

（一）人员（伴随）解说服务

即利用解说人员，直接向游客解说有关的各种资源资讯，通常又可分为下列四种：

1. 资讯服务

资讯服务是指将解说人员安排于某些特殊而明显的地点，以提供游客相关的各类资讯、并解答游客的问题。它是公园或风景游乐区最基本的一种解说服务，这项服务的目的，除了对游客表达欢迎之意外，最主要是利用解说人员良好的解说态度及亲和力，提供管理单位与游客间的第一次接触，借此接触、给予游客有关的基本资讯，并回答游客的询问与抱怨，进而让游客了解管理单位的设立目标及希望游客遵守的各种规定。

资讯服务通常设置于公园或游乐区的下列地点，如入口处、游客中心、游憩据点或游憩区的服务中心、景点附近暂设的服务点和巡回服务站。

2. 活动引导解说

活动引导解说是解说工作中最传统、也最被广为熟知的一种形式，在此形式中，解说人员伴随着游客、有秩序地造访经设计安排的地点、事物及现象，在解说人员的经验传递中，让游客获得实际的知觉与体验。活动引导解说的最大好处是，在优秀解说人员的引导下，游客可同时得到看、听、触、闻、尝的实物的解说经验，并借与解说人员的双向沟通，提升个人在环境中的观察、欣赏能力。

活动引导解说通常可分为特别预约式引导解说与固定出发式引导解说两种。特别预约式是管理单位针对某些特殊性质的参观团体的特殊活动或需求，以预约的方式事先安排解说人员的引导服务；而固定出发式则是管理单位针对某些景点或游道，安排一项整体的解说导游，在每天或某些固定时间，于某点集合，以免费或收费方式，接受参观游客自由加入的引导服务。为避免解说人员不足，而仅能服务少数预约的游客团体，通常管理单位对一般民众的解说引导服务，以固定出发式为主。

3. 解说讲演

解说讲演是由专业的解说人员或专家学者，针对某个主题进行演讲。这类解说服务相似于一般所说的讲演，但由于希望能引导听众或游客产生对环境的敏感、认知、欣赏、热诚与奉献，所以它强调的是"有效的解说是一种心灵的沟通"的原则，在解说过程中，讲演者运用"阅读听众"的观察力、良好的形象（亲和力）与适当的沟通技巧，去达成这个原则。

解说讲演并非每天或固定时间举办，这类解说服务通常是办理单位针对，某些节庆或特别事件、或举办训练营、讲习会，而邀请相关专家学者或推派具有专业素养的解说人员，开席担任讲座。解说演讲因上述举办原因的不同，所针对的听众，通常也有某些专业人员与一般游客的限制。

4. 生活剧场

生活剧场又称生活解说，它是指通过人员的活动表演，去模拟文化传统生活或习俗的一种解说方式，它所强调的是一种运用解说功能去阐释真实文化行为的方法，也是提供参观者了解某些时代背景与人文史物的最佳途径之一。

生活剧场可分为第一人称式生活剧场、表演式生活剧场、手工技艺表演、文化性的民俗节庆等四种。但无论是上述哪种生活剧场，在设计时均需考虑许多因素，譬如他们是否具有良好的场地条件（如土地是否足够宽广表演某些活动、区内是否有文化遗址等）？表演的编排是否有够多的资料可以参考？表演者的水平如何？表演团队的经费是否充裕？这些表演者是否可以很自然、生活化地表演？以及他们适合上述哪种形式？这些影响因素都是设计者必需事先完整考虑的。

（二）非人员（非伴随）解说服务

非人员（非伴随）解说是运用各种器材或设施去对游客说明，而不是由解说人员直接接触游客的解说服务方式，根据 Sharpe 的分类，又可分为视听器材、解说牌示、解说出版物、自导式步道、自导式汽车导游、展示与非现场解说等七种。

1. 视听器材的使用

凡利用影像或声音传达资讯的媒体，均可称为视听器材。随着科技的进步，现代的视听器材日新月异，为吸引游客驻足欣赏、进而达到解说的目的，它们已被各相关单位争相引用，成为最常见的解说媒体之一。利用影片、录音磁带、幻灯片等软件，配合投影机、电视机、录影机、收音机及大型银幕等硬件，此类媒体在游客中心、露天剧场、自然教室等场所重复播放，服务了大量的游客，也减轻很多解说人员的负担。

2. 解说牌示

牌示依功能可分为解说牌示及管理牌示两种。解说牌示是指针对特殊资源、现象，如人文古迹、稀有植物、自然景观等作解释说明的牌示；管理牌示则可分为指示、警告、管制及意象牌示等四种。

一般来说，解说牌示的设计除需考虑经费预算外，其设置地点、信息表达、色彩运用、造型外观、材质等因素均应详细考虑。解说牌示的设置地点应以不破坏整体景观、易引起游客注意、不破坏自然资源并能与现有设施配合为原则，而其信息的表达则须能使用正确、简明、生活、清晰的语言，色彩的运用要考虑颜色本身蕴含的暗示及其色彩亮度，高度及横幅大小应便于游客观看阅读，造型需具有区域风格及整体性，材质的使用应当注意与环境调和、耐久及易于维修等，这些均是解说牌示设计时应考虑的基本原则。

3. 解说出版物

解说出版物是指将所想要对游客解说的资料、信息印刷于纸张、卡片上后，制成手册、折页等方式的解说媒体，又可称为解说印刷品。它可提供极其清楚详尽的知性材料与鲜明美丽的感性画面，是最适合有兴趣的游客研读与收藏的纪念性物品。由于制作便宜。易于携带，资料较其他媒体详尽，而且可大量复制，使它成为一种极为普通便利的解说工具。游客手持一张含地图、索引的解说折页，可以按图索骥、边走边赏边印证，陶醉于自我寻赏大地景观、万物离奇的乐趣之中；掌握一卷解说图书，更可以知古通今，了解人文遗址与自然风貌，达到知性旅游、寓教于乐的目的。

为增进游客的实际体验，解说出版物常配合其它的媒体使用，最常见的是与自导式步道及自导式汽车导览的配合。它可以针对不同需要，以报纸、手册、折页、书籍、画册、地图，甚至海报、卡片等各种不同的形式出现。

4. 自导式步道

自导式步道又称为解说性自然步道，它是指一条专供徒步行走的道路，沿线伴随着具有解说功能的媒体（通常是解说牌示或解说出版物），凭借这些解说设计，让游客认识了解一些有趣、特殊的景观或现象。相对于活动引导解说，自导式步道没有解说人员的带领及说明，它所强调的是游客经由管理单位的解说设计，而自行创造体验的一种过程。

自导式步道通常伴随两种媒体作解说设计。其一为解说标志或解说牌，即管理单位在步道沿线，选取若干适当地点，设立解说及方向指示等标牌，以图解及文字，说明附近的自然人文景观或具有教育意义的现象。这种方式的优点是游客可以跟随沿线的牌示，在适当的地点观赏景观，从而减少不小心遗漏观赏据点的缺憾。其二为解说手册与折页，这种方式是将观赏点依步道为始或参观顺序标示于手册或折页中，并以文字或图解说明，提供游客参考对照之用。解说手册或折页通常置放于游客中心、管理服务站或步道起点，由资讯服务解说人员发放或由游客自行从分发箱中取用。

5. 自导式汽车导游

几乎家家有车的现代社会中，汽车旅游已成为一种重要的旅游形态。当汽车旅游被当成一种工具、运用在解说上时，它通常可以提供一群小家庭般人数的游客，在属于他们自己的空间中，以适宜的速度，配合其它解说设施的引导，广泛地畅游较大范围的游憩据点。这种自导式汽车导游强调的是一个小团体或小家庭（通常是二至五人），在一种具有自我隐私的舒适空间中，共同创造知性游憩体验的过程。如同自导式步道一般，自导式汽车导游也可依游览路程的内容区分为一般主题汽车导游与特定主题汽车导游两种。同样的，这两种汽车导游也通常与解说牌示、解说出版物等配合使用。

6. 展示

展示是运用公开性的展出空间，以专业的设置及技术，对游客展示管理区域内相关资讯的一种解说方式。其目的除了借专业展示人员的精心设计，表现对游客强烈的欢迎之意外，还希望游客在参观之后，可根据对管理区域的资源及管理方式的了解，产生一个整体的概念。展示通常被设计陈列于游客中心、自然教室及某些特殊的地点，以二维平面的镶板、三维空间的物体、生态造景及模型等方式，表现管理区域内或某一特殊主题的内涵。

7. 非现场解说

这类型的解说并不在公园或游憩区内进行，通常在旅游淡季。解说人员排定广播或电视节目行程表、向学校或其他机构演讲或与学校老师合作进行环境研究课程等。解说人员也使用许多非人员解说方式，如：视讯节目和展示品；或解说人员为报纸和杂志撰写文章。

　　不同的解说媒体具有不同的特性，也分别有其优点与缺点，任何一种解说媒体的吸引力均是有限的，而且管理单位制作及维护的难易度也不同，所以解说从业人员针对不同的解说资源，有效地运用上述各种媒体的配合，除了取长补短、减少解说的限制外，对于不同的游客层面，也应多尝试使用不同媒体，观察检视他们的反应及回馈，以实际的经验提供游客更多知性与感性的游憩体验。

五、森林公园解说系统

　　系统是一种组织形式。这种组织形式把相关的事物或知识（部分）组合成一个整体，以便清楚的显示各个部分之间的关系，并且说明每一个部分在整体中所扮演的角色。至于一个系统应该包含哪些部分，以及各部分应如何组合成一个整体等，则依据建立该系统的目的而定。

　　把所有和解说服务有关的要素组合成一个整体，以便清楚地显示各要素之间的关系，并且说明每一个要素在解说服务上所扮演的角色，这样的整体就是一个解说系统。

　　国家森林公园所发展的解说系统规划注重的课题包括：重视系统性、效果导向、规划内容与实际的地理空间结合、决策以事前的规划为主、解说一种整合的科技，须与相关领域配合。因此对国家森林公园而言，解说系统是管理的方法之一，透过解说可以沟通公园管理机关、公园资源、公园游客，是协助管理单位资源管理与保育的工具之一，这三者的关系如图1-2所示。

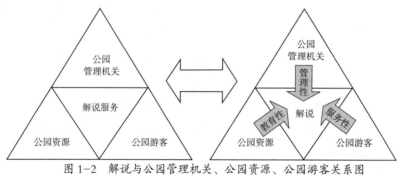

图1-2　解说与公园管理机关、公园资源、公园游客关系图

第二节 步道相关理论

一、步道概念

步道是一条辟建于原野地区的路径（摩尔，德莱维尔，李健，2012）。说明了步道的立地环境本身就是一个较为自然的环境。步道不仅提供连接其它步道、道路活动区域的机能，在休闲旅游的游程中，应被视为自然环境的一部分在森林公园内，新的步道游径必须对森林的解说总主题或情节脉络进行阐释（Gross, Michael and R.Zimmerman，1992）。

笔者认为，步道所在环境应以较为自然、郊野之地区为主，能够提供给使用者在其所在路径或邻近其路径之区域，相关的游憩体验机会，让使用者获得其所欲达成的休憩目的。

二、步道类型与功能

（一）步道的类型

步道的类别可依据不同性质作不同分类，说明如下：

1. 依步道资源主题，可将步道系统分为自然性步道和人文性步道两类。

2. 依据开发程度不同，可将步道分为主要步道、次要步道及原野步道三类。

3. 依据资源特性、使用方式与可及性，将步道系统分为三类：

（1）邻近聚落或游憩区，符合大众健行及赏景需求，可及性高，且安全便利的一般性步道。

（2）深入山林自然度较高地区，能满足自然体验及生态学习需求，旅程较长，需基本装备。

（3）符合自然研究、环境保护及体能挑战目的的既有山径。

4. 依步道解说方式分类，可分为自导式步道和向导式步道两类。

5. 以活动分类，并辅以困难度分级可将步道分为景观步道（第一级）、健行步道（第二、三级）、登山步道（第三、四级）三类。

6. 依过去的发展，综合环境特色及游憩活动型态加以分类，可分为郊野型、健身旅游型、古道型、越野登山型四种。

（二）步道的功能

由于步道的类型与提供使用的方式不相同，因此其功能也不同。本书认为，步道提供了一个途径，让使用者能够深入环境、体验环境，以获得其所期待的目的。步道应具备如下功能：

1. 休闲游憩体验

提供游客运动健身与休闲游憩的机会，训练自我体能，并有益身心健康。而步道的设置往往能够深入许多较为特殊的景观点，沿途亦可提供赏景及体验自然的机会。

2. 节能与环保

步道体验完全无须消耗能源及破坏环境，通过对设施良好的规划设计，可将活动中可能造成的环境破坏降到最低。

3. 解说与教育

运用解说系统去引导游客学习该地区的自然风光及文化历史，探究感知的、概念的或事实的信息。

步道的功能是让前往该地区的使用者能于自然间赏玩、放松心情，并且增加游憩体验，而自然步道加入解说则让使用者在一般步道的功能之外，加入了教育、学习的功能，让使用者在自然悠游中，对其所在的环境有更进一步的了解，并吸收其中所传达的信息。

三、森林公园步道规划与配置

一条完善的步道应该让使用者徜徉其中，达到安全、功能、舒适这三个层级的要求。因此步道的规划、设计与维护工作是相当重要的课题，未经完善的规划与设计，可能误导游客前往环境脆弱或容易发生危险的地区，甚至成为破坏环境的元凶。

步道的配置应该考虑到安全、最小环境冲击、有系统之选线与配置、步道构造之设计与环境调和、其它附属设施的完善等原则。在步道在规划设计之初，应先确认步道存在的目的与意义。由团队来进行步道的规划工作，至少应包括景观美学、自然生态、环境美化与工程等人员，如果属于古道型的步道，则应该增加人文、史迹调查的专业人员，唯有做好资源调查工作，才能减少步道设计、设置的错误。

同时，步道的规划不能忽略环境教育的功能，在相关配套的导览网站、导览人员或解说牌规划，均需有助于提升旅游质量与登山伦理。而步道完成提供游客使用后，不能忽略环境监测及定期维护工作。

第三节　森林生态文化体系构建

一、生态文化的基本内涵

笔者认为，生态文化既是人类现代社会物质文明与精神文明和谐共进的客观需要，也是人与自然良性互动、和谐发展的内在要求。生态文化的意义就在于，它以和谐为价值基础，为人类的和谐发展、为和谐社会的构建提供精神支持。生态文化作为一种以"和谐"为价值观的文化，不仅强调人与自然、人与人自身关系的协调和优化，更强调以人的精神文化品格调整人类内部生态平衡，尤其是通过人的精神生态的调适促进人与自然生态的平衡，实现人与自然的共生共荣，把社会和谐寓于人与自然的和谐之中，实现人类社会的和谐发展。

生态文化就是以人为本，协调人与自然和谐相处关系的文化，它反映了事物发展的客观规律，是一种启迪天人合一思想的生态境界，是诱导健康、文明的生产生活消费方式的文化。生态文化是吸取各种文化精华的现代文化，是物质文明与生态文明在人与自然生态关系上的具体表现，是要求人与自然和谐共存并稳定发展的文化。

因此，生态文化是和谐社会的文化基础。生态文化建设也是建设和谐社会的基础建设工作。

蔡登谷（2011）提出生态文化体系，在纵向上，可以分为物质、精神、制度、行为四个层面。在横向上可以分为森林文化、湿地文化、环境文化、沙漠文化、草原文化、海洋文化、城市生态文化、乡村生态文化、生态产业文化。其框架结构表为：

表 1-2　生态文化体系框架结构表

体系	森林文化	湿地文化	沙漠文化	生态产业文化	生态城市文化	……	生态文化
物质层面	森林资源野生动植物林产品生态服务	合理保护利用湿地资源发展生态渔业	沙漠旅游沙地与绿洲瓜果业新型能源	生态经济生态林业生态企业生态旅游	城市森林湿地郊野森林园林绿地水系	……	减量化再利用资源化发展循环经济
精神层面	森林哲学森林伦理森林美学文学艺术	保护鸟类湿地摄影水乡文学科学研究	沙漠绿洲伦理哲学文学歌舞艺术考古	科学发展绿色发展可持续发展理念	以人为本建设森林生态城市公民意识	……	生态哲学生态伦理生态美学生态文学生态观念
制度层面	森林资源保护法律条例政策	湿地保护法律政策制度	防沙治沙法律法规政策制度	保护资源环境法律政策制度	城市生态规划法规政策制度	……	保护资源环境法律法规政策与制度
行为层面	植树造林业务植树	湿地保护恢复重建	珍爱资源节水社会	节能减排综合利用	低碳生产生活消费	……	转变发展方式生活方式

（引自蔡登谷，2011）

二、森林生态文化的基本内涵

在森林公园开发、建设、发展的过程中，森林生态文化发挥的作用是无法代替的。如果光有前期资金的投入，没有生态文化的挖掘与发挥，森林公园发展是没有后劲的。如果在森林公园的建设过程中，同时大力发展森林生态文化，挖掘其中的文化内涵，使人们在享受大自然的同时，又增加了对大自然的了解，更加亲近自然、爱护自然，就使森林公园更具独特的魅力。

森林生态文化是文化在特定环境下的一种延伸和创新，它倡导人与自然的和谐相处，倡导绿色的生活方式和文明的人文道德观念，使人们真正地了解自然，崇尚自然，保护自然，享受自然。森林旅游是发展生态文化的载体，生态文化是开展森林旅游的必要条件。

其基本内涵为：森林生态文化，是人与森林、人与自然之间建立的相互依赖、相互作用、相互融合的关系，以及由此创造的物质文化与精神文化的总和，是生态文明建设的重要内容。森林公园是以森林景观为主体，具有地质、地貌特征和良好生态环境，融自然景观与人文景观于一体，经科学保护和适度开发，为人们提供游览观光、科学考察、休闲度假的生态型多功能旅游场所，是林业面向社会、联系社会的重要窗口。森林旅游是人们"认识森林、亲近自然、了解自然"的重要途径，森林公园无疑是森林生态文化教育的"大课堂"，在建设生态文明中肩负着特殊的使命。

三、森林生态文化体系框架

森林生态文化是自然生态文化的重要组成部分，森林公园中蕴含着生态保护、生态建设、生态哲学、生态伦理、生态美学、生态教育、生态艺术、生态宗教文化等各种生态文化要素，是生态文化体系建设中的精髓（吴庆刚，2007）。

根据森林区域所包含的特有的物质文化载体，可以将森林文化细分为树木文化、竹文化、花文化、动物文化、植物文化、地质地貌文化、气象景观文化、昆虫文化、鸟类文化、园林文化、森林哲学、森林文学与艺术、森林美学与人文史迹等。如表 1-3 所示。

表 1-3　森林生态文化体系表

	一级分类	二级分类
森林生态文化体系	树木文化	古树名木文化遗产价值
		习俗文化
		物候应用
		宗教信仰
	竹文化	竹子与中国历史
		竹子与精神文化
		竹子与中国诗画
		竹子与中国园林
		竹子与人民生活
	花卉文化	花事活动
		花态之美
		花卉趣事
		花卉哲学
		花卉文学与艺术价值

	一级分类	二级分类
森林生态文化体系	动物文化	珍惜动物
		动物习俗文化
		动物美学价值
		动物文学价值
		动物趣事
	植物文化	花文化
		佛教植物文化
		神话植物文化
		人文植物文化
		花道馆文化
		同心植物文化
		民俗植物文化
	地质地貌文化	文化遗产价值
		地质地貌知识
		地质地貌观赏价值
		地质地貌文学价值
	气象景观文化	气象景观知识
		气象景观观赏价值
		气象景观文学价值
	昆虫文化	昆虫知识
		昆虫观赏价值
		昆虫趣事
	鸟类文化	鸟类知识
		鸟类观赏价值
		鸟类趣事
	园林文化	园林景观美学
		园林植物
		园林水文化
		园林地貌
		园林建筑小品

	一级分类	二级分类
森林生态文化体系	森林哲学	森林美学
		森林伦理学
		森林社会学
		森林人类学
		森林文化学
		森林遗产学
	森林文学与艺术	森林水文学
		森林艺术
	森林美学	森林植物美
		森林动物美
		森林山水美
		森林声音美
	茶文化	茶史学
		茶文化社会学
		饮茶民俗学
		茶的美学
		茶文化交流学
		茶文学
	人类史迹	历史文物古迹
		文化遗产
		古典建筑
		现代工程

资料来源：引自吴庆刚（2007），有修改。

四、森林生态文化体系构建

　　加快森林生态文化体系建设，满足人们对森林生态文化的需求，是推进我国生态文明发展的主要内容和任务。森林生态文化作为一个完整的有机体系和生态文明的重要载体，其构建应该是一个全方位的、系统化的工程。因此，森林生态文化体系构建应该从政策引导、文化基础、资金投入、人才队伍、宣传平台五个方面着手，实现森林生态文化可持续发展的不竭动力。

（一）加强政策引导建设，制定完善的发展规划

1.科学规划森林生态文化体系

在森林生态文化发展环节上，政府的各项举措将会直接影响到森林生态文化的发展速度。所以，这就需要通过政府的相关程序，尽早出台关于加强森林生态文化体系建设的指导意见，明确其指导思想、目标任务、主要措施，并确立中长期规划，将森林生态文化体系建设作为一项大型文化工程。同时，在编制科学的发展规划时，要明确方针原则和推进步骤，将森林生态文化纳入森林生态文化建设基地的总体规划当中。此外，还应在编制森林生态文化建设专项规划的基础上，把森林生态文化建设纳入当地国民经济和社会发展规划。

2.大力发展森林生态文化产业

森林生态文化产业是森林生态文化体系建设的重要支撑，要依托区域间丰富的森林风景资源，大力发展森林旅游，以森林公园和自然保护区为依托，科学规划，开发旅游、休闲运动、探险等特色森林旅游服务业，以对传统经营进行结构调整和升级，并对一些已经开发出来的或具有一定保护价值和较好开发前景的森林生态文化项目，提供和制定进一步针对性较强的优化建议和措施。同时，以丰富的森林资源和深厚的文化底蕴为依托，挖掘提炼长期以来各民族在生产、生活中形成的森林风俗文化，鼓励社会各界以文艺、影视、戏剧、书画、美术、雕塑、音乐等多种形式反映森林景观、故事传说内容，打造蕴含民族和区域特色的森林生态精神文化品牌。

（二）加强文化基础建设，打造牢实的物质载体

1.进一步完善和深化基础设施建设

加强文化基础建设需要维护好森林博物馆、自然保护区、森林公园、地质公园、林业科技馆等森林生态文化设施建设，保护好旅游风景林、古树名木和历史遗迹，扩大文化场所面积，增加观赏区域的可容纳人数，有计划地开发新项目。注重国家生态文明教育基地建设，将娱乐互动理念融入到基地建设过程，可在森林公园、自然保护区以及地质公园等建立相关设施完善旅游功能，并增设展示窗口，如标本馆、陈列室等，突出教化和警示功能，设置大型森林生态公益宣传牌、标识、标牌、解说步道等生态文化基础设施，为人们了解森林、认识生态、探索自然提供场所和条件。

2.突出森林公园生态文化建设的地位

深刻认识建设森林公园在发展森林生态文化工作中的重要地位，促使森林公园担当起森林生态文化建设的重任，做发展森林生态文化的先锋。以森林公园为载体，大力发展森林生态旅游、山林文化生态旅游、竞技旅游、四季观光旅游、休闲、度假、保健旅游等，促进森林生态文化产业发展。要不断重视对森林公园生态文化内涵的挖掘和提炼，根据资源的特点，突出特色，提升文化品位，开发一系列人们乐于接受且富有教育意义的生态文化产品，不断丰富森林公园生态文化建设的内涵，向社会提供更多、更精彩、更有教育意义的生态文化产品，满足社会多元化的需求，扩大森林生态文化对社会的影响。

（三）加强资金投入建设，保障通畅的资金运转

1.建立稳定的资金保障渠道

建设森林生态文化体系可以通过政府投资、招商引资、社会筹资等多种渠道实现，把其所需经费列入地方财政预算，坚持以政府为主导逐年提高对生态文化建设投入的比例，并采用补助、奖励和贴息等方式用于支持重点文化产业项目、设施、技术改造、品牌建设等，对新设立并符合文化产业发展规划及导向的文化企业，根据年销售额和上缴地方税费进行相应奖励。要大力鼓励社会积极参与，吸收社会闲散资金，扩大文化建设资金来源，以及社会团体、企业和个人捐资投资文化事业。因此，建立稳定的经费保障渠道，形成政府、社会、以及个人多资金投入、共受益的良好机制，尤其是吸引更多私营企业加入森林生态文化产业的开发中来。

2.引进监管机制保障资金安全

在加大资金投入规模、广开筹资渠道的前提下，如何提高资金安全运作和使用效率便显得尤为重要。由此，建立健全资金安全运行和绩效评价机制成为当务之急，决策部门应对建设用资金进行长期的、及时的、有效的跟踪监测，并建立健全资金安全运行的组织体系和相关制度，以确保资金运行的安全和高效，同时，建立健全资金运行的绩效评价机制，通过不同层次确定绩效评价的主体和客体，制定评价的方法、标准和指标体系，逐步建立起政府组织评价与非政府组织评价相结合的机制，并及时通过官方网站进行公布，以供公众监督，从而确保绩效评价工作的有序进行。

（四）加强人才队伍建设，提供强硬的软件实力

1.提高森林生态文化建设人才素质

森林生态文化体系建设关键在于人才，要千方百计寻找、培养、引进各类人才，着力培养森林生态文化建设队伍。提高森林生态文化建设人才队伍素质需要建设好组织领导和基层骨干的素质和能力，以及专群结合的管理和服务队伍。加

强对领导干部和基层骨干等的培训，提高其文化素养，要与大中专院校、科研单位和专业社团等合作，聘请一些专家、教授等担任森林生态文化建设的顾问、讲解员，也可向社会招募一些志愿者作为公园的生态知识义务讲解员、普及人员。同时，逐步建立起一支生态科普教育的人才队伍，让更多的人有机会接受到自然、生态知识的教育普及，广泛增强公众的生态意识和责任意识。

2. 加大森林生态文化事业的吸引力

真正的人才被吸引过来并长期从事森林生态文化事业这一领域的工作，需要这一领域工作能够提供从业者丰厚的回报、一定的社会地位、以及美好的前途。因此，要做好人才引进的一系列配套工作，不仅包括基本薪资、福利和社会保障，还应该包括社区环境、社会认可度和事业前景等等。此外，创新激励机制，制定优惠政策，创造良好的人力资源运行机制、环境和条件，建立科学的分配制度，以及发挥现有森林生态文化建设人力资源的最大潜能，同时加强交流与合作，提高人员流动性，实现人力资源共享。

（五）加强宣传平台建设，营造良好的社会氛围

1. 创新思路开展各类森林生态文化活动

积极开展一系列森林生态文化专题宣传活动，为实现森林生态文化建设目标营造良好的环境和氛围，使之家喻户晓、人人皆知，达到较高的市民知晓率和支持率。活动可努力创新思路，以教育和体验为出发点，采取多种活动形式，如节庆活动、公益活动、奖励活动、亲子活动等等。此外，积极推行森林生态文化创作活动，并推出一批具有社会影响力和旺盛生命力的生态文学作品。要突出抓好精品，鼓励广大文学艺术工作者、影视创作者、林业工作者走进林区、走进植被恢复的重点地区，亲身感受和体验大自然的魅力，激发创作灵感，创作出大量高雅和通俗的精品佳作，引领社会理念，普及生态知识。

2. 构建多层次、多渠道的宣传路径和平台

加大森林生态文化宣传教育力度，充分利用电视、广播、报刊、杂志、网络等现代传媒进行理论研讨、学术交流等活动，多层次、多渠道地进行森林文化、生态理念、生态科学知识的大力普及宣传活动。同时，通过文学、影视、戏剧、书画、美术、音乐等多种文化形式，宣传森林在加强生态建设、维护生态安全、弘扬生态文明、传播生态理念、提高生态道德水平的重要地位和作用。最后，通过加强森林公园、湿地公园、自然保护区、科普教育基地建设，出版科普读物，开展生动活泼、喜闻乐见的群众性宣传教育活动，向国民特别是青少年展示古今

中外丰富多彩的森林生态文化，扩大森林生态文化宣传的深度和广度，提高公众生态意识和理性消费观念。

第四节　森林生态文化旅游解说系统构建

解说系统的建立是为了作为以后设计、实施各种解说方案的指导方针。

旅游解说系统一般由四个部分组成，分别为解说目标、环境限制与可用资源、解说活动、评估与控制（见图1-3）。

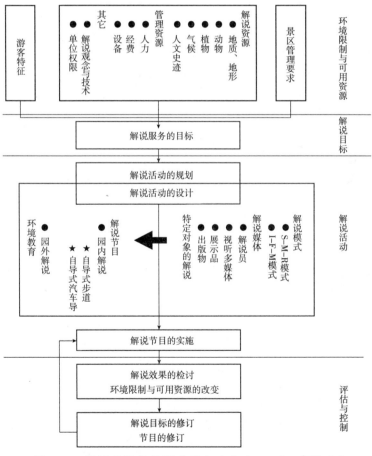

图1-3　解说系统架构图（引自王鑫（1987），有修改）

● 解说目标：这一部分说明进行解说活动所欲获得的结果。解说目标赋予解说活动进行的方向，以及解说服务评估的依据。

● 环境限制与可用资源：这一部分限定了解说活动进行方式、解说活动的范围、解说活动的规模以及解说的内容；同时也影响了解说目标的拟定。

● 解说活动：这一部分说明为了达到解说目标，所应采取的行动组合。

● 评估与控制：这一部分控制解说活动的进行方向。评估的意义，是检讨解说活动的效果，看看是不是达到既定的解说目标的要求。如果解说效果和解说目标之间的差距太大，就应该检讨目标是否合理或者解说方案是否有效，然后做适当的修正。

第二章　实践理念、目标与内容

第一节　实践地简介

温州花岩国家森林公园位于浙江省瑞安市西北部，飞云江北岸的大山幽谷中，瑞安市红双林场境内。距瑞安市区 45km，温州市区约 70km，至 57 省道 8km，交通较为方便。公园由九龙溪飞瀑银潭游览区、五云山岳顶花园避暑区、大洋坑森林生态保护区、三个尖森林探险野营区等四个功能区组成，总面积 2668hm²。

花岩国家森林公园地质构造属侏罗系上统磨石山组，母岩主要为酸性火山碎屑岩，局部夹有中性熔岩。境内山脉属洞宫山支脉，由文成古洞山向东延伸而来，海拔大部分在 200～900m 之间，最高峰为五云山，海拔 1029.4m。地表经长期水流侵蚀和岩石风化作用，造就了森林公园丰富多姿的地貌景观，山峻坡陡，壁峭崖悬，沟壑幽深，源短流急，飞瀑深潭，危岩奇石。森林公园地带性土壤为红壤，海拔 700m 以上有黄壤分布，土层厚度较薄，多在 60cm 以下。

森林公园地处中亚热带季风气候区，因受海洋影响，气候特点为温暖湿润，四季分明，热量丰富，雨量充沛，冬暖夏凉，温度适中。年平均气温在 16℃ 左右，绝对最高温度为 37℃，绝对最低温度为 –4.3℃，一月份平均气温为 7℃，七月平均气温为 23℃，年平均降水量 1100–1800mm，相对湿度在 80% 左右，无霜期约 265 天。每年 8 月开始有台风影响，冬季局部地方可形成雾凇奇观。森林公园境内溪流众多，主要为贯穿九龙溪景区的九龙溪，北南流向，长约 10km，水质良好。

森林公园植被属中亚热带常绿阔叶林南部与北部亚热带的交汇地带，原生森林群落为常绿阔叶林。在海拔 400m 以下有保存较为完整的常绿阔叶林，也是中亚热带至南亚热带过度植物的典型代表。森林公园森林覆盖率为 98.5%。森林公园植被类型主要有黄山松林、杉木林、柳杉林、青冈林、甜槠、木荷林、栲树林、东南石栎、硬斗石栎林等。森林公园共有维管束植物161科499属908种，其中受国家保护的植物4种，省级保护的植物29种。公园内野生动物繁多，有豹、野猪、猕猴、山羊、竹鸡等100余种，属国家保护的动物有豹、猕猴、豺、穿山甲、小灵猫、岩羊、虎纹蛙等。

第二节　实践理念、原则与目标

一、实践理念

笔者在搜集与整理花岩国家森林公园的景区规划、掌握景区资源、未来景区发展方向、客源市场以及分析预测解说受众的基础上，针对景区目前的解说媒体状况，制定了较为详细的实践设计理念，总结为：产品营销、潮流设计、以人为本、追求实效、打造精品。

● 产品营销：指在过去对旅游解说教育与服务两项基本功能的基础上，扩展其产品营销的功能价值，通过适当的方式向游客传播旅游景区的相关信息，让游客从形、色、声、味等方面了解花岩国家森林公园独具特色的生态休闲与度假产品。

● 潮流设计：指突破传统的对解说设计的静态认识，在设计中多使用动态解说设施，使旅游解说由静变动，促使游客多多参与，提高景区旅游解说设施的利用效能。

● 以人为本：指在解说设计中以游客的需求、利益为出发点，从多种角度设计与安置旅游解说内容与设施，使游客在景区接受解说服务时有一种自然而无造作的感觉。

● 追求实效：指旅游解说具有很强的目的性，充分考虑游客的旅游解说需求与景区的旅游解说资源的结合，使景区旅游解说在延长旅游者停留时间和促进生态文明行为等方面产生积极的结果。

● 打造精品：指旅游解说设计无论在理念、内容、形式上都要以打造精品为目标。

二、实践原则

● 科学性：指旅游解说的原理、方法、内容等都应以科学为基础。

● 艺术性：指旅游解说产品不是一件简单、普通的实物，旅游解说设计人员应该把其当作艺术品来生产与加工。

● 实效性：指解说是要满足游客的需求，以服务游客为其出发点。

● 趣味性：指旅游解说不是枯燥无味的，而是积极生动的，只有提高旅游解说方式与内容的趣味性，才会有无穷的生命力。

三、解说信息设计原则（ABCD）

● 吸引性（Attractive）：指旅游解说信息必须是游客所想了解的相关信息，或者是在其平时的日常生活当中碰到过的类似问题，但仍然还没有得到解答。

● 简短性（Brief）：指解说牌的撰写内容一般应控制在150个字以内，以便游客能够快速地获取解说点的主要信息。

● 清晰性（Clear）：指旅游解说点所包括的相关信息较多，在选择游客所需要的解说信息中，应该具有非常明确的主题，利用主旨式解说向游客传递解说信息。

● 生动性（Dynamic）：指解说点旅游解说信息不应该是简单的平铺直叙，应该采用更加能够激发游客兴趣的表达手法来吸引游客，如拟人、比较、对比等。

四、实践的目标

解说服务是花岩国家森林公园游客服务经营管理的重要方法与项目，根据环境资源的探讨、花岩国家森林公园管理处专家的访谈，本课题组建议花岩国家森林公园解说服务可包含下列三项重要目标：

（一）对游客而言，提供合乎花岩国家森林公园休闲游憩的相关解说活动与资讯，使游客可以完成愉悦、安全的游憩过程，体验花岩国家森林公园的生态环境之美。

1. 提供良好的活动与讯息，协助游客了解花岩国家森林公园的生态文化、欣赏花岩国家森林公园的优美环境，使其获得丰富且令人愉快的旅游体验。

2. 借适当的解说媒体与设施，使游客能避开危险情况，保障游客安全。

（二）对于花岩国家森林公园的环境资源而言，借解说服务协助园内的自然资源得到可持续的保护。

1. 增进游客与社会大众对花岩国家森林公园生态保护观念的了解与认识。

2. 适当安排游客的游憩活动以减少对花岩国家森林公园环境与资源的冲击与破坏。

3. 借不同的解说服务类型，提升各层级游客对环境的感受，实现游客由接触到了解、由了解到欣赏、由欣赏到保护。

（三）对花岩国家森林公园管理处而言，借解说服务协助游客了解花岩国家森林公园的资源经营管理方向。

1. 适时适地的对社会大众宣导政府的政策以及花岩国家森林公园的规划。

2. 建立适当管道，提供社会大众与花岩国家森林公园双向沟通的机会，树立森林公园的形象。

3. 运用解说活动，邀请游客大众参与花岩国家森林公园资源经营管理工作，借此能让游客提高对花岩国家森林公园的重视程度。

4. 通过解说活动的参与，游客在花岩国家森林公园内既获得了高质量的旅游体验，又在无形之中学习到了森林公园特有的自然与人文环境知识，也为森林公园生态旅游产品的宣传与促销起到积极的作用。

第三节 实践范围与内容

一、实践范围

本实践的主要工作范围为花岩国家森林公园重点旅游线路：景区游客中心沿九龙溪至天外飞瀑一线等。

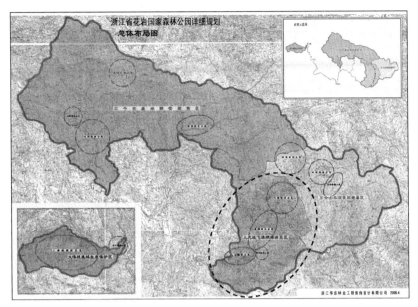

（注：虚线圆圈区域为生态文化解说专项实践区域）

图 2-1　实践范围图

二、实践内容

（一）实践内容

花岩国家森林公园生态文化解说实践应该在对传统旅游解说内涵（教育与服务）深化的基础上，以游客旅游解说需求为导向，以花岩国家森林公园的自然环境与历史文化为对象，构建以森林、潭瀑、溪流、地方动植物、宗教文化为基础元素的森林生态文化解说系统，不仅达到向游客传播森林生态文化知识的目的，也向游客传播相关的生态旅游产品信息，提高游客对森林公园生态旅游项目的参与率和满意度。

笔者认为，根据花岩国家森林公园资源的特点，深入挖掘森林文化、溪流生态文化、地质地貌文化、野生动物文化、特色植物文化、宗教文化等文化的发展潜力，形成花岩国家森林公园完善的森林生态文化体系，并以此为依据将其建设发展为人们乐于接受且富有教育意义的生态文化产品，不断丰富森林公园生态文化建设的内涵，向社会提供更多、更精彩、更有教育意义的生态文化产品，满足社会多元化的需求。如图 2-2 所示。

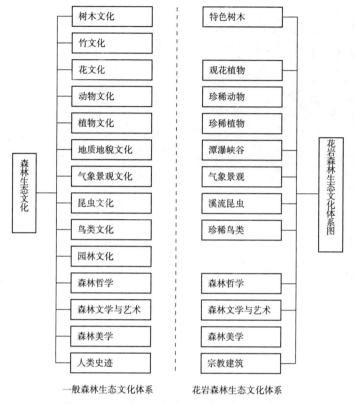

图 2-2　花岩国家森林公园生态文化体系图

笔者在总结国内外相关专家学者对旅游解说设计现有成果的研究上，结合花岩国家森林公园基本的森林生态文化解说元素构建森林生态文化旅游解说框架，具体请见图 2-3。

● 规划范围内游道旁的指引性解说牌、管理性解说牌、解说性解说牌与生态文化教育性解说牌的规划设计。

● 重点游览线路导游词的撰写。

● 旅游手册的绘制编写。

（二）实践要求

● 在充分调查地域内的自然生态系统（包括地质、土壤、植物、动物、气象等）的基础上，用通俗的科普语言表达。

● 在旅游解说系统中融入当地民族文化的内容，表现人与自然和谐共处的主题。

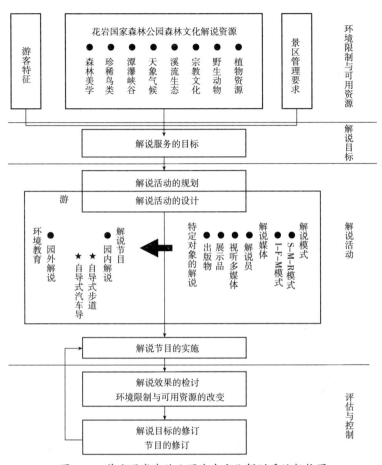

图 2-3　花岩国家森林公园生态文化解说系统架构图

● 旅游解说牌示系统的设计应该与周边环境保持和谐一致。

● 解说牌的设计必须美观大方、字体、字数和色彩和谐美观、位置准确。

第四节　研究方法

本设计将以文献搜集、资深人员探访、实地考察及焦点团体研讨等研究方法，进行现有景观资源资料调整及解说媒体现状、评估等工作，并运用 IFM & SMRM 设计模式，配合管理处经营管理目标及经费需求，进行整体系统设计工作。分述如下：

一、文献搜集及人员访谈

多方面搜集、翻阅现有花岩国家森林公园资源调查资料，进行调整与分类，并通过对花岩国家森林公园员工及资深工作同仁的访谈与讨论，建立园区主体解说资源的内容。

二、实地调查

针对花岩国家森林公园的整体环境及解说媒体设置情况，进行实地调查，评估分析各类型解说媒体的运用现状。

三、焦点团体研究

结合解说软硬件设计人员及花岩国家森林公园的相关要求，组成焦点团体（5-10人），经小组研讨，提出花岩国家森林公园旅游解说系统的发展与思考。

四、解说设计模式运用

运用资讯流向模式 Information Flow Models（简称 IFM 模式）与发送者——信息——接收者模式 Sender-Message-Receiver Models（简称 S-M-R-M 模式）进行景区解说系统设计工作。SMRM 模式是解说设计效能评估的重要理论，IFM 模式则是 SMRM 在据点设计层次上的实务运用架构，这两种模式都是因为它们的简单性、有效性、及广泛的应用潜力(国际性的)，而受到重视。"传递者——讯息——接受者"模式对解说规划来说是一种理论的架构，而"信息流向模式"即"传递者——讯息——接受者"模式在现场的实际运用。如果解说规划要达到最大的效果，就必须在解说规划运作上结合这两种模式，形成一个健全有力的架构(钟永德，罗芬.2008)。

第三章　实践地环境分析

第一节　森林公园旅游资源分析

　　旅游资源是旅游业赖以生存与发展的基础，是旅游景区发展的物质实体，而旅游解说资源作为旅游资源的一个子集，只有在充分认识旅游资源的基础上，才有可能挖掘出满足游客需求与高品质的旅游解说资源。根据《浙江省花岩国家森林公园详细规划说明书》、《浙江瑞安红双林自然保护区自然资源调查报告》、《浙江瑞安红双林自然保护区总体规划》及本课题组成员在对花岩国家森林公园森林生态文化旅游解说规划区域实地考察的基础上对森林公园内旅游资源进行总结，归纳如下表3-1。

表 3-1　花岩主要旅游资源列表

森林资源类型	主要资源
植物资源	花岩国家森林公园现有植物种类339科、895属，2192种，其中维管束植物161科449属908种，国家级野生重点保护植物有4种，省级野生重点保护植物有29种。公园植被类型主要有黄山松林、杉木林、柳杉林、青冈林、甜槠、木荷林、栲树林、东南石栎、硬斗石栎林等。森林公园有代表性的旅游解说植物资源如下： 国家重点保护野生植物：金狗毛、花榈木、樟树、野大豆、银杏、金钱松、红豆杉等； 浙江珍惜濒危植物：乐东拟单性木兰、乳源木莲、沉水樟、细叶香桂、凤凰润楠、浙江楠、龙须藤、银钟花、大序隔距兰等； 收入到《中国植物红色名录》的植物有：春兰、盾叶半夏、建兰、惠兰、多花兰、小沼兰、独蒜兰等； 花岩国家森林公园属于典型的中亚热带常绿阔叶林。
动物资源	花岩国家森林公园内野生动物繁多，高等陆栖动物有129种，鸟类206种，省级保护的有29种。森林公园有代表性的旅游解说动物资源如下： 国家一级保护物种：豹； 主要保护动物物种：猕猴、乌梢蛇、五步蛇、豺、穿山甲、小灵猫、穿山甲、岩羊、虎纹蛙、竹鸡、红嘴相思鸟、画眉、红隼、白鹇、白鹭、草鸮、领角鸮、斑头鸺鹠等。

森林资源类型	主要资源
天象气候资源	森林公园森林覆盖率为98.5%。气候特点表现为温暖湿润，四季分明，热量丰富，雨量充沛，冬暖夏凉，温度适中，具有明显的森林小气候和立体分布气候特点。年平均气温在16℃左右，相对湿度在80%左右，冬季局部地方可形成雾凇奇观。空气负氧离子含量达10万/厘米^{3}以上（是一般中等城市的200倍）。
溪流生态	植物群落、森林小气候、瀑潭溪流、峡谷、溪水中的动植物等。
人文史迹	宗教文化、花岩古庙、白莲殿、神话传说、名人诗词等。

综上所述，花岩国家森林公园旅游资源类型与单体众多，其中陆生植物景观最多，陆生动物景观、水生生态景观、天象气候景观、历史文化景观较少。所以在将来的旅游解说规划中，应着重强调森林公园内的陆生植物资源，同时与陆生动物景观、水生生态景观、天象气候景观与历史文化景观相结合。

第二节　现状及景观游憩资源分析

一、解说据点

目前，花岩国家森林公园已开发区域为入口广场沿九龙溪至天外飞瀑沿线区域，已有旅游线路亦是沿此区域开辟，除花岩寺至铜镜潭段为沿溪两侧都修建游步道外，其他各处皆为单侧游线。未来规划将在铜镜潭至九龙潭段开辟新的旅游线路，并在溅玉潭旁修建服务点一处。

根据花岩国家森林公园开发现状和未来发展规划，整个规划区域共有九大解说据点，包括：

（一）入口广场

作为整个花岩国家森林公园的游客集散中心和第一印象区，目前已建或规划建设有停车场、管理大楼、游客中心、售票处、森林木屋、洗手间等服务接待设施。并设有两个大型景区导览牌。此处主要的游憩景观有龙虾出洞、龙王金椅、老人头、跨龙桥、杉林幽径、森林木屋、老鹰尖等。

（二）古钟潭区

此据点是花岩国家森林公园九潭景区中的第一潭所在区域，也是游客必经之处，人流量较大。环境清幽静谧，充满自然情趣，主要景观有小溪汀步、古钟潭、钟韵亭、百步天梯、健身步道等。此处坡陡路滑，潭深石多，易发生安全事故。目前已有一处景点解说牌，少量立式植物解说牌和几处温馨提示牌。

（三）双折瀑

其所在的区域景色优美，视野开阔，是最佳观景点之一。有小溪汀步与两侧登山步道相连接，是游客量最为集中的区域。常有游客在此戏水，拍照留念。目前已设有景点解说牌、指向牌、导览图和温馨提示牌，并配备有洗手间、观景亭、观景栈道等设施。主要游憩景观有龙井潭、飞龙潭、双折瀑、飞龙亭、龙脊栈道等。

（四）铜镜潭区

此处视野非常开阔，尤其是对面的栈道上，可远眺群山、峡谷溪流，可近俯碧潭跌瀑。九龙溪两侧游步道在此汇聚，是游人必经之地。目前此处设有一景点指向牌，考虑游客需要，应增设景点解说牌及温馨提示牌。主要游憩景观有铜镜潭、花岩地质景观、魁星点斗等。

（五）玉瓶潭区

此区域包括玉瓶潭及洗心潭和琵琶潭，共同形成了花岩国家森林公园碧潭深渊最为集中的展示区。碧潭、飞瀑、青山、绿水，彼此间相互辉映，常使游人流连忘返。此处游步道与之前相比，更突显自然，已设有一景点指示牌和两个禁止游泳警示牌。主要景观有休闲滩、玉瓶潭、洗心潭、琵琶潭、将军岩、沐雨桥、青蛙石等。

（六）溅玉潭区

此区域内植物丰茂，环境清幽，野趣横生，是进行森林浴的良好场所。旁边有一处地势较为平坦的区域，未来规划在此修建服务管理用房，提供餐饮、小卖部等服务，附设公厕。目前仅有一植物解说牌。主要景观有溅玉潭、千年古藤等。

（七）九龙潭区

九龙潭是花岩九潭中的最后一潭，有平坦的岩石滩，地形开阔，是游客相对集中的场地，往往被作为整个游程的终点站。目前此处暂无解说牌，也无休闲游憩设施。主要景观有九龙潭、龙吟池及各处戏水滩。

（八）天外飞瀑

此段山高路陡，路途较远，除一条原始登山步道外，暂未进行旅游基础设施开发，游人较少。此次规划项目将此处作为终点站。天外飞瀑是公园内落差最大的瀑布，崖高壁陡，惊险壮观。目前因树高林密，可视效果较差，进行适当疏伐，以利观赏。将来可设一标志性解说亭，可供游人拍照留念。也应做好对游客安全的提示。

（九）花岩寺

花岩寺为整个花岩国家森林公园生态文化解说规划项目中最重要的人文资源，该寺雄伟壮观，佛像庄严肃穆，主要建筑有天王殿、观音殿、配殿等。金猴亭至花岩寺周边山上植被葱茏，以壳斗科植物为主，山林悬崖间时有猕猴出没。主要景点有孔雀瀑、凤尾池、金猴亭、听龙桥、赶山龟、花岩寺、竹林幽径等。

二、景观资源

就景观资源的范畴而言：它可以是地形、地貌、植被、动物、水体与人造物等元素，但若详加分析，便以落入具专门性质的学科范畴所谓景观的定义应是：观赏者视觉所见的所有元素，经过组合而成的整体印象。景观可分为七种类型，如图 3-1：

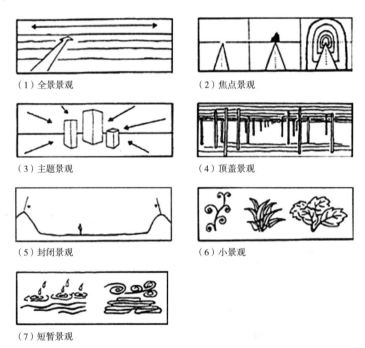

（1）全景景观　（2）焦点景观

（3）主题景观　（4）顶盖景观

（5）封闭景观　（6）小景观

（7）短暂景观

图 3-1 景观类型图示

1. 全景景观：地点绝大多数在一个良好的展望点上，视角开阔，没有明显的界限。

2. 焦点景观：视觉的焦点随景物的复合而集中，景观元素成为视觉的端景。

3. 主题景观：由非常突出的景观元素所造成，极具视觉吸引力，更能达到地标物的效果。

4. 顶盖景观：通常为森林中或树冠下所造成的景观型式，除此之外，顶盖型景观的产生取决于观赏者与景观间的相对立面位置。

5. 封闭景观：相同的景观元素将观赏者围绕于其中，整个空间形态有如置身一个碗底般。

6. 小景观：单一而细致的细部景观，如：植物、岩石纹理，需特别留心才能发现的小范围景观。

7. 短暂景观：短期间出现的景观，如日出、夕阳、彩霞等，此外野生动物出没或足迹亦包含其中。

依此景观类型划分，可将花岩国家森林公园规划范围内的景观资源进行如下分类：

表 3-2　花岩国家森林公园景观资源分析表

类型	景观资源
全景景观	龙脊栈道观群山溪流、花岩寺观群山、九龙潭眺望群山等
主题景观	孔雀瀑、古钟潭、龙井潭、飞龙潭、铜镜潭、洗心潭、琵琶潭、溅玉潭、九龙潭、天外飞瀑等
封闭景观	入口广场、百步天梯等
焦点景观	老鹰尖、龙虾出洞、龙王金椅、将军岩、金猴出洞、魁星点斗、植物根劈、藤缠树等
顶盖景观	杉林幽径、曲径幽林、竹林等
小景观	岩石花斑、花岩地质、壳斗科植物、赶山龟、里白、金毛狗等蕨类植物等
短暂景观	猕猴、五步蛇、乌梢蛇、画眉等动物出没、雪景、云雾、雾凇等

花岩国家森林公园内的全景景观主要为往远处眺望群峰，可眺望的地点包括：龙脊栈道、花岩寺、九龙潭据点三处。主题景观以碧潭飞瀑为主，包括：孔雀瀑、古钟潭、龙井潭、飞龙潭、铜镜潭、洗心潭、琵琶潭、溅玉潭、九龙潭、天外飞瀑等。焦点景观均以外形特殊而吸引目光，如：老鹰尖、龙虾出洞、龙王金椅、将军岩等。顶盖景观以林中漫步体验为主。小景观以步道沿线高山植物和

地质现象为主；花岩动物及雪景是较为难得的短暂景观，各类型的景观平均分布在步道两侧。

第三节　森林公园旅游解说现状评估

一、人员解说服务评估

花岩国家森林公园已设立游客服务中心和票务销售中心，并有部分员工充当兼职导游人员。目前花岩国家森林公园年游客人次已达 6 万余人次，随着景区规划建设的不断开展，现有人员接待服务远不能够满足景区游客的相关需求。特别是在森林生态解说讲演和生活剧场方面，花岩国家森林公园尚未起步。花岩国家森林公园在利用现有兼职导游、票务人员的基础上，可以考虑聘请公园已退休的员工充当临时讲解员，老员工就是一本活生生的花岩森林生态文化发展的读本。

二、非人员解说服务评估

（一）解说牌

本规划将对森林公园解说牌按解说性牌示、说明性牌示、管理性牌示与指引性牌示四类进行评价。

1. 解说性牌示

目前，花岩国家森林公园已重点对公园入口至九龙潭游道沿线的部分植物进行了简单的立牌解说，牌说内容主要包括植物中文名、植物拉丁名、植物的主要用途等内容。而九龙潭至天外飞瀑等区域基本上尚未对景区内重要的植物做出解说。已有解说牌在设置位置、高度、版面及可阅读性上均存在较大问题，应予以重新规划设计。

2. 说明性牌示

花岩国家森林公园内森林茂密、碧潭银瀑众多、野生动植物种类繁多，森林生态文化资源丰富，而森林生态旅游游客对知识的需求度相应较高，如森林与人类、森林养生、溪流生态等。目前，花岩国家森林公园的说明性牌示主要是对瀑潭的简单描述和少量景点的名称标注，缺乏知识性内容，而前者只在古钟潭、龙井潭、飞龙潭等三处设置了解说牌，数量过少，英文翻译错误较多，不能够满足中外游客对森林生态文化知识的需求。

图 3-2　森林公园内现有解说性牌示图

图 3-3　森林公园内现有说明性牌示图

3. 管理性牌示

花岩国家森林公园已有的管理性牌示主要为公园的森林防火和禁止游泳警示牌及少量安全提示牌，如小心路滑。且旧有与新作充斥于有限的腹地上，以致形成讯息重复与视觉混淆。

部分解说牌在大小、形状、材质上能满足森林公园安全管理的要求，可适当予以保留。并添加珍稀动植物保护牌及危险地段的温馨提示牌数量，以满足其生态、环保和可持续发展的需要。

图 3-4　森林公园内现有管理性牌示图

4. 指引性牌示

花岩国家森林公园目前在景区内部的花岩寺、飞龙潭、铜镜潭等几处设置了景区导览牌，并在景区大门口处设置了导览总图，在花岩寺和飞龙潭处设立了小型导览图。导览图展示了花岩国家森林公园内的主要景点与旅游线路，游客能够较为快捷方便地获取信息。但是随着景区基础设施的完善及新景点的挖掘，原有指引性牌示已不能满足对游客获取景点、设施的距离及方向的要求。同时，部分指向牌由于设置时间较早，已出现损坏或字面模糊现象。

（二）视听器材

花岩国家森林公园内游客中心配置了电视机、导游机等先进电子设施。但是目前这些设施相对数量较少、利用率低、基本处于闲置状态。这主要与目前花岩国家森林公园内游客中心的尚未全面开放和景区基础设施正处于建设中有一定的关系，未能让游客形成一种到花岩国家森林公园来参观游览，进公园游客中心能使其景观得到更好欣赏的第一步的意识。

图 3-5　景区现有导览图

图 3-6　景区现有指引牌图

（三）展示

　　游客服务中心是公园向游客打开公园自然与历史文化景观的窗口，一般设置在公园的入口。目前，花岩国家森林公园已在公园管理大楼一楼配置售票处、休憩设施、医疗室、游客中心、洗手间等相关设施，新的售票处正处于建设之中。整体而言，游客中心功能仍存在功能尚不完善，设备配置不全，功能区块联系不够，游客利用率低等问题。花岩国家森林公园内拥有丰富的动植物资源、多样的潭瀑林泉和富有地方特色的乡土产品，这些正是游客所想了解的，因此，急需加快建设花岩国家森林公园的游客中心，早日对外开放，从而更好地为森林生态文化建设服务。

（四）自导式解说步道

自导式解说步道是资源与游客日常生活联系的桥梁，也是一种非常有效的引导、管理、联系游客与资源之间的解说方式。游客通过自导式步道可以更加方便地了解步道沿线特色的动植物与历史文化资源。

目前，花岩国家森林公园内游览线路主要为单线游道，仅在花岩寺至铜镜潭处为双游道，已开发线路虽侧重于森林原生环境欣赏与体验的生态景区，但基本上没有设置专门的自导式解说步道。建议花岩国家森林公园应该结合森林公园生态景区的开发与建设，设置专门的自导式解说步道，完善两旁解说牌、解说手册、自然生态小屋等配套设施。

（五）网络解说

网络已经成为我国民众生活的重要组成部分，很多游客来景区游览之前一般都会通过网络来获取景区的相关信息。目前，花岩国家森林公园还没有自己的网站。在未来的景区开发建设和解说系统专项规划中应构建自己的营销网络。网络信息包括公园景区、风光掠影、文化传说、导游指南、服务联络、新闻中心等频道，突出其在游客关怀、景区珍惜动植物资源保护、自助游信息、民俗风情、在线服务等方面的内容。

（六）解说出版物

笔者调查发现，目前花岩国家森林公园主要的解说出版物为景区宣传折页，内容包括花岩国家森林公园旅游交通图和花岩国家森林公园基本介绍以及风景介绍、风光图片。与国内外知名景区相比，尚无电子出版物、自然与人文书籍、风光碟片、旅游工艺品等解说出版物。另外，游客中心内还提供森林防火宣传册、风景名胜区条例等，供游客取阅。

笔者在对花岩国家森林公园旅游解说系统现状进行考察后，我们认为花岩国家森林公园解说资源在溪流生态、森林环境、宗教文化等多方面均有显著的特色，尽管花岩国家森林公园多年来一直致力于以森林生态文化为特色的自然与人文科普知识的传播，可无论是在传播工具、人员还是在手段、理念等多方面都还处于较低阶段。今后，花岩国家森林公园旅游解说系统的构建应以森林环境、溪流生态、潭瀑峡谷、珍稀动植物、宗教文化等载体为表达手段，在一切以"游客为中心，处处为游客服务"的理念下，从人、财、物等方面完善旅游解说配置，真正做到"动静结合，静中有动，动中有静，相得益彰"的解说规划设计，从多方面满足游客的旅游解说需求，同时也利于花岩国家森林公园旅游产品的宣传与营销。

第四章 森林生态文化解说需求调研

为了解花岩国家森林公园解说受众的基本需求，以便于后续解说规划设计参考，在对花岩国家森林公园的游客和景区工作者分别进行了问卷调查，进而为景区未来规划与管理提供参考。

一、花岩国家森林公园游客调查分析

通过调查问卷对游客的游览动机、观光特性、游客对不同生态文化主题和生态文化解说媒体的需求程度方面分别进行了调查与分析，结果如下：

（一）游览动机

通过调查，了解到花岩游客的游览动机主要是以欣赏自然风景、愉悦身心、增进亲友感情、呼吸新鲜空气、享受宁静、欣赏水域风光为主要目的。此外，人们对于学习环保知识、运动健身、增长见识、满足成就感、进行社交活动也表现出极大的兴趣。所以，景区可以考虑在以后的开发中，建些景观步道（第一级）、健行步道（第二、三级）、登山步道（第三、四级）三类自导式步道。如图4-1所示：

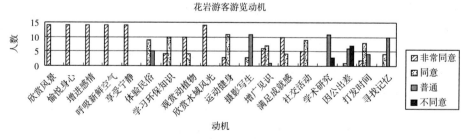

图4-1　花岩游客游览动机图

（二）花岩游客观光特性

通过从花岩游客的游览次数、乘坐的交通工具、停留时间、游览形式、重游意愿等 5 个方面，来分析游客的观光特性。

1. 游览次数

从图 4-2 可知，规划组得出，游客来花岩旅游的次数以在 1-2 次为主，未曾来过花岩的游客，游览次数在 3 次只占 7%。这表明花岩还是被当地人所知，但是其吸引力还是不够，原因有很多，其中之一就是景区的解说系统还处于初级阶段。这表明景区在今后的开发中有必要对其解说系统进行重新规划和完善。

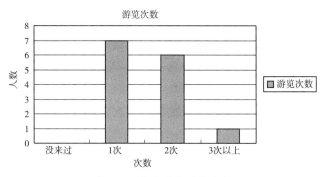

图 4-2　花岩游客游览次数

2. 交通工具

从图 4-3 可知，花岩的游客基本都是自驾车前往的。所以景区应多开发些自导式汽车导游，让他们在属于自己的空间中，以适宜速度，配合其它解说设施的引导，广泛地畅游较大范围的游憩据点。并加强景区的咨询服务，以满足其自驾车的需求。

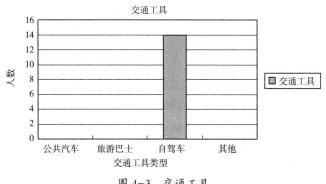

图 4-3　交通工具

3. 停留时间

从图 4-4 可知，花岩游客停留的时间在一天之内，以本地及周边的游客为主。所以景区应开发些邻近聚落或游憩区，符合大众健行及赏景需求，可及性高，且安全便利的一般性步道。

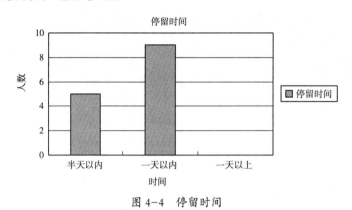

图 4-4　停留时间

4. 游览形式

从图 4-5 可知，花岩 64% 的游客是与家人同来；而 36% 的游客是与朋友前来的。所以，景区以后应加强咨询服务。同时，景区应开发专供游客徒步行走，沿线伴随着具有解说功能的媒体（通常是解说牌示或解说出版物）的自导式步道，凭借这些解说设计，让游客认识了解一些有趣、特殊的景观或现象。

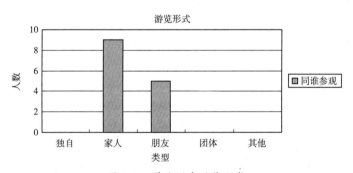

图 4-5　花岩游客游览形式

5. 重游意愿

从图 4-6 可知，已经来过花岩的游客都非常愿意再次前往花岩旅游，说明花岩还是具有一定的吸引力的，所以景区应通过制作解说出版物、增添些非现场解说等，加强其宣传力度，以吸引游客。如下图 4-6 所示：

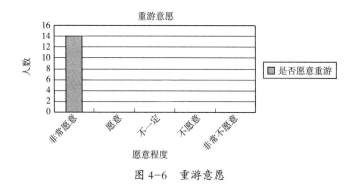

图 4-6　重游意愿

（三）生态文化主题

从图 4-7 可知，对游客的生态文化主题需求上，花岩游客对于神话故事、奇闻轶事、民俗典故、环境教育、生态知识、地质地貌知识、动植物知识、飞瀑碧潭、景点设施指向、导游图等方面需求度高，所以景区应运用解说系统去引导游客学习该地区的自然及文化历史，引导去探究知觉的、概念的或事实的信息。

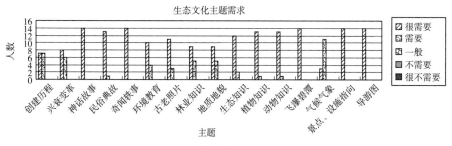

图 4-7　生态文化主题需求

（四）生态文化解说媒体

从图 4-8 可知，在游客的生态文化媒体需求上，游客对于解说媒体中的咨询服务、游览指南、景区牌示、陈列展示馆、景区外宣传等方面需求度高；同时从图 4-8 中还能看出，人们在导游服务、人为活动、电子媒体等方面也有需求。

二、花岩国家森林公园工作者调查分析

通过调查问卷对景区工作者的生态文化主题和生态文化解说媒体的需求程度方面分别进行了调查与分析，结果如下：

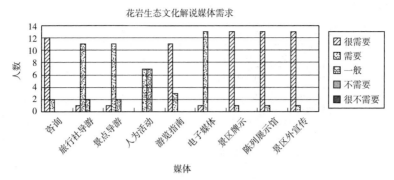

图 4-8　生态文化解说媒体需求

（一）生态文化主题

从图 4-9 可知，在生态文化主题需求方面，景区的工作者认为景区应在解说内容方面多涉及到神话故事、奇闻轶事、民俗典故、环境教育、生态知识、地质地貌知识、动植物知识、飞瀑碧潭、景点设施指向、导游图等方面的解说，从而引导游客学习该地区的自然及文化历史，引导去探究知觉的、概念的或事实的信息。

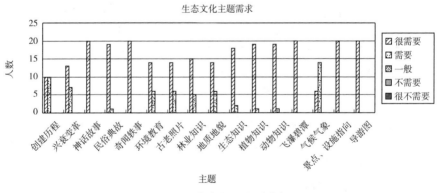

图 4-9　生态文化主题需求

（二）生态文化解说媒体

从图 4-10 可知，在对景区工作者做针对生态文化解说媒体方面的调查后，了解到景区工作者认为解说媒体中的咨询服务、游览指南、景区牌示、陈列展示馆、景区外宣传等方面十分重要；同时景区工作者们还认为景区应辅以人员解说如导游服务、人为活动等，并结合非人员解说电子媒体等方面的解说媒体，从而使景区的解说系统更加多元化，以满足游客的需求。如下图 4-10 所示：

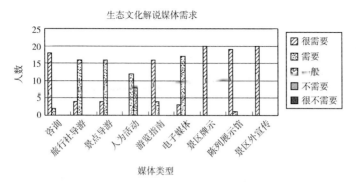

图 4-10 生态文化解说媒体需求

综上所述，通过对游客和景区的工作者进行调查，得出：花岩游客主要以休闲观光为主，他们停留时间较短、主要以朋友和家人的形式，自驾车出游花岩。在解说主题和解说媒介方面，游客和景区的管理者都认为解说内容应以生态文化为主题，解说方式应以人员和非人员解说相结合为主。所以，今后景区在解说系统的开发中，应考虑开发建设景观步道（第一级）、健行步道（第二、三级）、登山步道（第三、四级）三类自导式步道和自导式汽车导游，再辅以必要的人员解说（如景区导游解说等），并与多种非人员解说（如视听器材的使用、解说牌示、解说出版物、展示、非现场解说等）相结合，完善解说系统，满足游客需求。

第五章 森林公园森林生态文化解说策划

第一节 森林公园解说内容策划

所有解说内容都是以景区资源的重要性为基础，向游客展示景区资源多重重要性的中心内涵，把景区资源与大部分游客的观点、意义、信仰和价值联系起来，构建各层次的游客与解说对象的沟通渠道；在没有告知游客景区资源意义时，给游客提供探究景区意义的机会等。

一、森林公园解说资源调查

在鉴别和登记当地所有独特资源、活动和景点时，与旅游开发部门或游客进行交流，找出游客注意点。一旦完成景区解说资源调查，便应根据景区和游客兴趣，以及景点开发的可行性，对解说资源进行优先等级区分，以确定解说的景点和主题。

经过实地勘察和焦点团体的研讨，初步整理出花岩国家森林公园的解说潜力资源应该包括：环境资源特色（含括自然类、文化类、科普类）与游憩资源特色两大项，并经过与会人员探讨其解说重要性（权重）后，建议环境资源解说占解说比重的 80%，而游憩资源特色则占解说比重的 20%。

并针对花岩国家森林公园的环境资源特色，结合现有的旅游功能区划，将旅游解说规划区划为公园入口处、古钟潭区域、龙井潭与飞龙潭区域、铜镜潭区域、玉瓶潭区域、洗心潭与琵琶潭区域、溅玉潭区域、九龙潭及天外飞瀑区域、花岩寺区域。

二、森林公园解说受众分析

在上一章笔者对花岩国家森林公园游客进行的调查问卷进行了分析，从游客的动机、所进行的活动两部分阐述了花岩国家森林公园的解说对象。

（一）游客的动机部分

在游客的动机部分，花岩国家森林公园的客源主要是温州市及本地游客，游览者多是利用双休日和节假日自发开展的休闲活动，所以其在花岩国家森林公园的旅游动机主要为森林生态观光、森林休闲度假及身心放松，一般此类游客对城市的喧嚣有点厌倦，很想就近寻求一处宁静，没有城市繁杂的幽静地；还有一部分就是周边城市的大中小学生，他们的旅游动机纯属接受科普知识教育或者完成某一项学习任务。

（二）游客的活动方面

在游客的活动方面，大部分游客进行的活动以休闲度假为主，观赏植物为辅。另从游客对游憩与解说利用的角度来分析，可以知道游客一般可分为三种层级，其因主要游憩目的与动机不同，所进行的主要活动形态也不同，相对于资源重视程度、寻找资讯方式、旅游停留时间、期望获得的解说资讯及常用的解说媒体也大不相同，因此可以借不同层级游客对解说需求的差异来考虑解说主题与媒体的设计（见图5-1）。

三、解说主题确定及重要性探讨

旅游解说主题是以该旅游景区特有景观资源以及开展的旅游活动为基础而确立的。

根据焦点团体的综合探讨及对解说对象的分析，整理出花岩国家森林公园各据点解说资源，将各据点解说资源依最重要、重要、次重要解说主题进行细部探讨，以作为解说据点解说规划的重要依据。各解说据点森林生态解说主题重要性分析见表5-1。

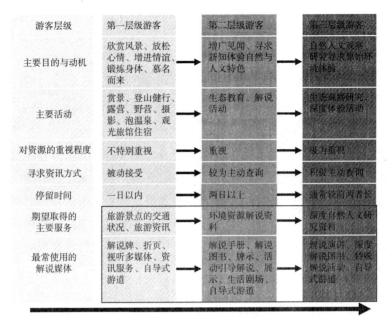

图 5-1 不同层级游客游憩与解说利用分析图

表 5-1 据点解说主题重要性综合分析表

环境特色 景区	最重要的 解说主题	重要的 解说主题	次重要的 解说主题	解说 紧迫程度
公园入口区	1. 游客中心 2. 中国公民国内旅游文明行为公约 3. 森林旅游十大备忘 4. 景区导览图	1. 杉林幽径 2. 花岩五步蛇 3. 孔雀瀑	1. 树瘤 2. 鹅卵石成长过程	非常紧迫
古钟潭区	1. 古钟潭 2. 里白与金毛狗 3. 高楼杨梅	1. 藤缠树与绞杀 2. 身边的碳足迹 3. 温州水竹	1. 登山健身常识 2. 鹅卵石趣味健身 3. 树木的价值	非常紧迫
龙井潭与飞龙潭区	1. 龙井潭及双折瀑布 2. 飞龙潭 3. 植物群落 4. 瀑布碧潭形成 5. 空气负离子	1. 植物根劈 2. 森林小气候 3. 溪流发源与流程 4. 植物精气	1. 是谁让水如此清澈 2. 眼睛喜欢森林	非常紧迫
铜镜潭区	1. 铜镜潭	1. 地质解说 2. 动物肢体进化	1. 谁看谁 2. 树干是圆的	非常紧迫
玉瓶潭区	1. 玉瓶潭		1. 看鱼鳞识鱼龄	非常紧迫

续表

景区 \ 环境特色	最重要的解说主题	重要的解说主题	次重要的解说主题	解说紧迫程度
洗心潭与琵琶潭区	1. 洗心潭、琵琶潭	1. 森林浴 2. 树抱石	1. 藤缠树	非常紧迫
溅玉潭区	1. 岩石花斑 2. 溅玉潭 3. 碳足迹主题亭	1. 竹子开花后便死 2. 猴欢喜	1. 树叶落下背面朝上 2. 森林如何留住水	非常紧迫
九龙潭及天外飞瀑区	1. 九龙潭 2. 天外飞瀑	1. 画眉 2. 树上长蘑菇	1. 看云识天气 2. 人与自然和谐相处 3. 森林趣味知识 4. 天外飞瀑诗词亭	非常紧迫
花岩寺区	1. 花岩寺 2. 珍惜动物展亭 3. 人类的保健医生	1. 竹子节节高 2. 香樟	1. 树怕剥皮 2. 树叶变黄和变红 3. 森林树木直高大	非常紧迫

四、解说内容的选取

解说内容必须经过适当的组织，才能做到中心明确、重点突出、条理清晰并易被游客接受。实施步骤如下：

（一）**提出话题**

即从众多的解说事物中提炼出一个能最精练的概括解说内容的整体性话题。如关于森林的话题。

（二）**明确主题**

主题是与话题相关的特定信息，具有层次性。可以先确定一个涵盖主要信息的整体性主题，再进一步细分出几个与之相关的次级主题，从而完整地传达所有的内容和信息。如在森林的话题下，首先确定森林的生态环境主题，和与之相关的次级主题有森林小气候、植物精气、森林浴、森林保健、空气负氧离子等。

（三）**具体内容**

指解说的具体表现。具体内容既要切合主题，还应当包含学习（即希望游客获得的知识等信息）和行为（即希望游客的情感发生的改变）方面的内容。

好的解说内容应该是在开头就告诉游客解说主旨。解说主旨是解说内容的中心思想或重要信息。开发主旨的第一步就是运用头脑风暴。在头脑风暴后，新生的观点或意见以思维导览方式来进行分类。新生的观点放到相应的大类中，最好以不同的颜色或形状来表示。在分类后，头脑风暴将集中于某一特定的亚类来开发解说主旨。如图5-2为头脑风暴后，针对以"森林"为主题形成了森林相关信息图。

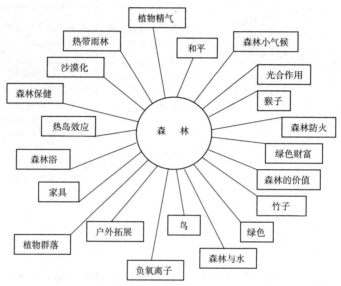

图5-2 头脑风暴新生观点分类图（以森林为例）

解说主旨的撰写包括了三个基本步骤：首先必须先概括地描述主题（第一步）；接下来用更明确的词句来描述（第二步）；最后必须将解说主旨写成完整的句子（第三步）。如以其中的"森林浴"主题为例。

1. 概括地描述主题：森林浴

2. 用更明确的词句来描述：森林的三个过程

3. 将解说主旨写成完整的句子：森林浴的三个过程就可以使您神清气爽。

主旨式解说的撰写一般遵循EROT的解说模式，既Enjoyable（文字要优美）、Relevant（要有关连）、Organized（要有组织）、Thematic（要有主旨），用ERO来抓住游客的耳朵，用T来冲击游客的内心。

一般的解说呈现就像讲故事一样，它包括开头、中间和结尾三个部分，可总结为2-3-1模式，其中1代表解说呈现的导论部分，2代表解说故事的主体，3代表解说故事的结论，即首先讲述解说故事的主体，随之是讲述结论，最后才是导论部分。以"森林浴"为例：

让我们一起在森林里沐浴吧！只需三个步骤就可使您解除疲劳、神清气爽呢！（导论）

森林浴的三个步骤：

一是林间步行，上下爬动，尽量出汗，以有疲劳感为最好。

二是步行2千米后尽量快步行走，速度以能够边走边与人正常交谈为宜。

三是置身于幽静深处，面对连接天际的壮丽森林，神秘、喜悦、悲伤等情感涌上心头，这是人与大自然的无声对话，这时候自然而然的静思最舒松身心。（主体）

你还在等什么，赶快行动起来吧！（结论）

第二节　解说牌示造型设计

随着旅游业的不断发展，其主题越来越突出，内涵越来越丰富，游客对旅游体验的要求也越来越高，对旅游解说牌示的设计也提出了相应的高要求。笔者从以下几个方面对花岩国家森林公园解说牌造型进行分析，以供参考。

一、解说牌示造型设计特点

旅游解说牌示的造型设计应遵循以下几个特点：

（一）**地域文化性**

解说牌示的设计应从地方文化和民族民俗文化中提炼出具有典型特色的符号，增添旅游区的地方文化性。在选材上可针对该地域所特有的资源，就地取材，使其不仅能传达该地域特有的理念，而且能更好的融入到当地的自然环境中，以达到自然和人工的和谐统一。

（二）**时代性**

解说牌示的造型设计应根据牌示内容主体的不同而体现出不同的时代性，在自然保护区等可展现其自然的一面，在一些新造的地区则可更多的体现现代的时代特点。

（三）**生态性**

在可以的范围之内，尽量注意旅游解说牌示的生态性，某些牌示比如景点内的安全提示牌示可以尽量就地取材，和周边环境配合协调。

（四）外显性

旅游解说牌示是为游客提供旅游信息导向服务的，它的各方面的设计和规格一定要符合国家有关标准和游客的行为习惯。

（五）多样性

旅游解说牌示的表现形式丰富多样。根据不同的设计意图来设计不同的造型。

（六）艺术性

旅游解说牌示既符合实用要求，又符合美学原则，具有艺术性，这样才能给人以美感，从而更能吸引旅客，也为整个旅游目的地的形象锦上添花。

（七）耐用性

由于旅游解说牌示一般具有较长的使用期限，一旦安装固定后就不能轻易改动，且大部分都是安装在室外经受长时间的风吹日晒，所以解说牌示应具有较强耐用性和抗腐蚀性，能够经久耐用。

二、解说牌示造型设计

解说牌示是解说对象的外在展示，能给游客留下重要印象。因此解说牌示的造型和尺度设计对如何吸引、方便游客等十分重要。旅游解说牌示的表现形式多种多样，在各个解说景点，应根据各自特点，来安置适合周围环境、景区（点）功能相一致的解说牌。

根据结构可划分为低平解说牌、立柱解说牌、单柱十字交叉式解说牌、单柱支架式解说牌、单柱悬挂式解说牌、双柱式解说牌、双柱悬挂式解说牌、有檐解说牌等。花岩国家森林公园主要解说牌示造型设计如下：

（一）环境解说性牌示依解说内容多少和安装位置可采用单柱立式和双柱立式。花岩九潭及天外飞瀑景点是整个花岩国家森林公园形象感知的最重要区域，因此其设计可稍作变化以示区别。特殊游憩地点解说牌可依场景单独设计，如龙脊栈道处采用笔记本式设计。植物解说牌采用悬挂式。对于特殊专题设置主题解说亭集中解说。

（二）指向性牌示根据场景和指向内容设计为单柱式和双柱式两种。

（三）管理性牌示设计小巧别致、醒目突出。部分警示类解说牌可就地取材，与周边环境相融合。

（四）解说牌面设计尽量不使用方形和不规则形状，长方形的长宽比尽量为5：3或5：4。

（五）尽量不使用形状较大的解说牌示，以免被误认为广告牌和产生视觉污染。

（六）考虑到孩童、老人和残障人士的使用。为了便于小孩阅读，解说牌示的设计高度一般距地面 75～90cm 左右，如牌示超过此高度，在解说牌示前放置观看台阶；针对行动不便者，在解说区域应有供轮椅者停放轮椅的空间且道路平稳，解说牌示距地面高度不应超过 150cm，因为超过此高度就不便于轮椅者观看。

图 5-3 立式解说牌　　　　　图 5-4 立式解说牌

图 5-5 立式解说牌　　　　　图 5-6 立式管理牌

图 5-7　笔记本式解说牌

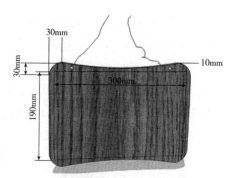

图 5-8　悬挂式解说牌

图 5-9　立式指向牌

图 5-10　立式指向牌

图 5-11　厅式解说牌

图 5-12　亭式解说牌

图 5-13 厅亭式解说牌

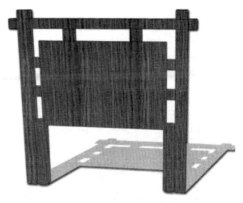

图 5-14 立式导览图

第三节　森林公园解说架构与媒体设计构想

通过上述章节的讨论，可以清楚说明瑞安花岩国家森林公园各解说据点（where）、解说潜力资源及主题（what）、解说对象（who）的解说架构，本节将运用上述架构（where，what，who）与适用媒体（how）等四项解说要素进行矩阵分析，以便说明花岩国家森林公园各相关据点的解说媒体设计构想。

表 5-2　解说发展构想表

解说基点	解说主题	解说主题的重要性	游客层级	人员解说				非人员解说				
				资讯服务	引导解说	专题演讲	生活剧场	解说牌	出版物	多媒体	展示	步道
公园入口区域	游客中心	最重要	1, 2, 3	■				◆	★	◆		
	中国公民国内旅游文明行为公约	最重要	1, 2, 3	■				■				
	森林旅游十大备忘	最重要	1, 2, 3	■				◆	★			
	景区导览图	最重要	1, 2, 3	★	■			■	■			
	杉林幽径	重要	1, 2, 3		◆	◆		◆		★		★
	花岩五步蛇	重要	1, 2, 3	★				■	★			
	树瘤	次重要	1, 2		◆			★				
	鹅卵石成长过程	次重要	2, 3			◆		★				

续表

解说基点	解说主题	解说主题的重要性	游客层级	人员解说				非人员解说				
				资讯服务	引导解说	专题演讲	生活剧场	解说牌	出版物	多媒体	展示	步道
古钟潭区	藤缠树与绞杀	重要	1, 2		★			◆	★			
	古钟潭	最重要	1, 2, 3	■				■	■			
	登山健身常识	次重要	1, 2					★				■
	鹅卵石趣味健身	次重要	1, 2					★	★			■
	树木的价值	次重要	2, 3			★		★				
	里白与金毛狗	最重要	1, 2		◆			■	◆			
	温州水竹	重要	2, 3		◆			◆				
	高楼杨梅	最重要	1, 2		◆	★		■	◆			
	身边的碳足迹	重要	1, 2, 3		★	■		◆		★	◆	
龙井潭与飞龙潭区	龙井潭及双折瀑	最重要	1, 2, 3	■				■				◆
	飞龙潭	最重要	1, 2, 3	■				■	■			◆
	植物根劈	重要	2		◆			◆	◆			
	植物群落	最重要	2, 3		★	■		■	★	★	★	
	森林小气候	重要	2, 3	◆		◆					◆	
	瀑布碧潭形成	最重要	2, 3		◆			■				
	溪流发源与流程	重要	2, 3			◆		◆		★	◆	
	是谁让水如此清澈	次重要	1, 2					★				
	植物精气	重要	2, 3			◆		◆				★
	空气负离子	最重要	2, 3		★	■		■				
	眼睛喜欢森林	次重要	2					★	★			
铜镜潭区	地质解说	重要	2, 3	◆	◆	■		◆			◆	
	铜镜潭	重要	1, 2		■			◆	■			
	谁看谁	次重要	2				★	★				★
	动物肢体进化	重要	1, 2, 3			■		◆	◆		★	■
	树干是圆的	次重要	2, 3					★				

续表

解说基点	解说主题	解说主题的重要性	游客层级	人员解说				非人员解说				
				资讯服务	引导解说	专题演讲	生活剧场	解说牌	出版物	多媒体	展示	步道
玉瓶潭区	看鱼鳞识鱼龄	次重要	2					★				
	玉瓶潭	最重要	1, 2		■			■	■			
洗心潭与琵琶潭区	洗心潭、琵琶潭	最重要	1, 2		■			■	■			
	森林浴	重要	1, 2, 3			■		◆	◆		★	■
	藤缠树	次重要	1, 2, 3		◆			★	★			
	树抱石	重要	1, 2		◆			◆	◆			
溅玉潭区	碳足迹主题亭	最重要	1, 2, 3		◆	■		■	■	◆	◆	
	岩石花斑	最重要	1, 2, 3		◆	◆		■	◆			
	溅玉潭	最重要	1, 2		■			■	■			
	树叶落下背面朝上	次重要	2					★				
	竹子开花后便死	重要	1, 2					◆				
	森林如何留住水	次重要	2, 3					★				
	猴喜欢	重要	1, 2		★					◆		
九潭及天外飞瀑区	九龙潭	最重要	1, 2					■				
	看云识天气	次重要	2					★				
	画眉	重要	1, 2		◆			◆	◆			
	人与自然和谐相处	次重要	2, 3					★				★
	森林趣味知识	次重要	1, 2					★				
	树上长蘑菇	重要	1, 2					◆	◆			
	天外飞瀑	最重要	1, 2, 3		◆			■				◆
	天外飞瀑诗词亭	重要	1, 2, 3		◆	■		■	■	◆	◆	
花岩寺区	花岩寺	最重要	1, 2, 3		■			■	■			
	香樟	重要	1, 2		◆			◆				
	树怕剥皮	次重要	2					★				
	珍稀动物展亭	最重要	1, 2, 3					■				

续表

解说基点	解说主题	解说主题的重要性	游客层级	人员解说				非人员解说				
				资讯服务	引导解说	专题演讲	生活剧场	解说牌	出版物	多媒体	展示	步道
花岩寺区	树叶变黄和变红	次重要	2					★				
	孔雀瀑	重要	1, 2, 3		◆			◆	◆			
	人类的保健医生	次重要	1, 2, 3					★		★		
	竹子节节高	重要	1, 2, 3		◆			◆	◆			
	森林树木笔直高大	次重要	2					★				

注：旅游解说媒体在此分人员解说与非人员解说方式2大类，9小类，但是根据旅游解说资源特性对解说媒体的选择也分三等，第一等、第二等和第三等分别用■、◆和★表示。

第六章 解说实质实践

为得以确切执行前述章节的解说架构与构想，本章将针对花岩国家森林公园各解说据点（含景点及步道）以及未来重点解说软硬件（如解说手册、自导式步道、游客中心、牌示等），提出据点发展规划及重要媒体发展规划。

第一节 解说据点发展实践

一、解说据点的类级与定位

解说规划是整体旅游系统规划的重要一环，因此在进行解说规划前，应该先具体考虑各解说据点未来在花岩国家森林公园所扮演的定位与机能。而且还应根据园区现有游憩区、步道等的定位与分级，针对各解说据点的定位与机能，进行分级及类级说明，作为后续实质发展的依据。

（一）解说据点的类级与定位

依据前述对花岩国家森林公园各解说景点的调查分析，并参考现有游憩区的设置，笔者建议将花岩国家森林公园的解说景点分成五级，其解说定位与建议设置媒体内容说明如下：

△ 一级解说据点：属于园区内最重要的解说据点，应提供游客整体环境带特色的解说服务。此类级据点建议设置的解说硬件包括：游客中心、展示馆、出版品展售室、自导式步道与牌示系统等设施，并应配合规划资讯（咨询）服务、预约及固定出发式活动引导解说、解说出版品、专题解说演讲及生活剧场等软件，以健全解说机能。公园入口区域为花岩国家森林公园一级解说据点区。

△ 二级解说据点：属于园区内重要的解说据点，应提供游客环境区段性特

色的解说服务。此类级据点建议设置的解说硬件包括：游客服务站、展示馆、出版品展售室、牌示系统等设施，并应配合规划资讯（咨询）服务、预约及固定出发式引导解说、出版品等软件，以活络解说机能。九个潭区域及天外飞瀑区域为花岩国家森林公园二级解说据点区。

△ 三级解说据点：属于园区内次重要的解说据点，应提供游客主题性环境特色的解说服务。此类级据点建议设置的解说硬件包括牌示系统等设施，并应配合设计人员活动引导解说及出版品等软件，进行解说资源特色的说明。花岩寺区域为花岩国家森林公园三级解说据点区。

△ 四级解说据点：属于园区较不重要的解说据点，可考虑提供游客据点特色的解说服务。此类级据点建议设置解说牌示等设施，并可配合设计人员活动引导解说及出版品等软件，进行解说资源特色的说明。休闲滩及其他步道解说景点为花岩国家森林公园四级解说据点区。

△ 五级解说据点：属于园区外临近地区与花岩国家森林公园资源特色具有重要关联性的解说据点，可考虑提供游客据点特色的解说服务。此类级据点可视为必要，协商主管单位设置解说牌示等设施，并可配合人员活动引导解说及出版品等软件，进行解说资源特色的说明。五级据点区包括临近的寨寮溪、五云山等景点。

（二）解说步道的类级与定位

依据前述对花岩国家森林公园各步道的调查分析，并参考现有步道的分级，建议将花岩国家森林公园的步道分为三级，其解说定位与建议设置媒体内容说明如下：

△ 一级解说步道：属于园区内最重要的解说据点，此类级步道建议设置的解说媒体包括：步道入口意向、牌示系统等设施，并应配合设计预约及固定出发式活动引导解说及出版品等软件，以健全解说机能。一级解说步道为花岩国家森林公园入口至九潭的游步道。

△ 二级解说步道：属于园区内最重要的解说据点，此类级步道建议设置的解说硬件包括牌示系统、解说巴士等设施，并应配合设计人员活动引导解说及出版品等软件，以活络解说机能。二级解说步道为花岩寺至铜镜潭游步道。

△ 三级解说步道：属于园区内次重要、或使用率、可及性稍低的解说据点，此类级步道建议设置的解说硬件包括牌示系统等设施，并可配合解说出版品等软件，进行解说资源特色说明。三级解说步道为九龙潭至天外飞瀑游步道。

二、各解说据点设计

（一）公园入口区

1. 解说发展重点

公园入口区是游客进入花岩国家森林公园形象展示的窗口，也是整个花岩生态旅游之旅的起点。从游程设计的角度来看，此据点具有作为解说起始点的重要性。解说重点为公园整体自然与人文环境知识介绍。

2. 解说主题与解说媒体

（1）解说主题

根据游客需求和森林公园未来发展需要，应在入口处设置花岩国家森林公园的简介、游客游览须知、游客中心、森林生态环境、景区导览图、森林小木屋等解说主题，其重要性说明如下表6-1。

表 6-1 公园入口区解说主题重要性分析表

最重要的解说主题	重要的解说主题	次重要的解说主题
■ 游客中心 ■ 中国公民国内旅游文明行为公约 ■ 森林旅游十大备忘 ■ 景区导览图	■ 杉林幽径 ■ 花岩五步蛇 ■ 孔雀瀑	■ 树瘤形成 ■ 鹅卵石成长过程

（2）解说媒体发展建议

此据点的解说媒体可以资讯服务、展示、多媒体解说、专题演讲为主，解说牌为辅，其他解说方式则依据解说主题的内容调整集结发展。

1）解说牌：公园入口区解说牌内容为花岩国家森林公园的简介、景区导览图、游客游览须知、游客中心、森林生态环境、杉林植物群落、五步蛇等及部分植物解说。

2）引导解说：主要以象形石景点和生态环境解说为主，与整个景区的生态旅游之行结合起来安排。

3）解说出版品：游客中心应该提供最齐全的相关出版品，包括解说折页、游览手册等，且服务人员应对各出版物内容有相当程度的了解。解说出版品应包括整体环境与资源特色。

4）视听多媒体：在游客中心外设立电子解说牌，向游客介绍花岩国家森林公园的相关信息，在游客中心或花岩动植物展览厅播放相关的多媒体视频材料，并提供便携式导游机供游客使用。

5）展示：在公园管理大楼设立动植物展示厅，并对花岩国家森林公园的组织沿革、发展历程以及为保护整个区域特有的森林生态系统所付出的努力进行总结与展示。

6）资讯服务：主要提供游客在花岩国家森林公园内游程安排的相关服务资讯，包括交通、餐饮、住宿及各解说据点多媒体放映时间生活剧场、表演场等信息，建议与视听多媒体解说方式进行有效结合。

7）专题演讲：配合在游客中心的专题活动安排专题演讲。

（二）古钟潭区

1、解说发展重点

花岩国家森林公园森林生态系统内感知性最强的区域之一，森林生态文化解说系统的核心，其解说重点为潭瀑介绍、森林生态、环境教育、健康知识等方面，且解说重点应根据不同地段而有所侧重。

2.解说主题与解说媒体

（1）解说主题

此区域是生态旅游者到花岩国家森林公园进行生态旅游的必选之地，也是欣赏碧潭飞瀑的最好据点之一，考虑到自助游客与团队游客的需求应该设置明确的步道解说系统，其应提供的解说主题包括最重要、重要和次重要的解说主题等，其重要性说明如下表6-2。

表6-2　古钟潭景区解说主题重要性分析表

最重要的解说主题	重要的解说主题	次重要的解说主题
■ 古钟潭 ■ 里白与金毛狗 ■ 高楼杨梅	■ 藤缠树与绞杀 ■ 身边的碳足迹 ■ 温州水竹	■ 登山健身常识 ■ 鹅卵石趣味健身 ■ 树木的价值

（2）解说媒体发展建议

此据点的解说媒体以解说牌为主，其设置位置位于自导式步道旁边或适当的地点，根据本规划的人本主义理念，从游客的角度来考虑解说牌示的内容、高度及外在表达方式。而解说出版品、视听多媒体、展示及演讲等，则根据解说主题的内容调整集结发展。

1）解说牌

a、增设牌示：增设蕨类植物、高楼杨梅、藤缠树与绞杀、碳足迹、登山健身知识等内容的解说牌，丰富整个森林公园内相关森林生态文化知识的内涵。增加道路指向牌和危险区域的温馨提示牌，展现景区人文关怀理念。

b、更新现有牌示：更新现有古钟潭景点解说牌示，根据解说的内容和周围的环境来设置解说牌。

2）解说出版品：解说出版品可考虑与自导式环境教育路径内容一致，同时也可使用景区环境解说手册。

3）自导式步道：配合解说牌示的内容与设置位置调整，落实自导式步道的功能。

4）人员解说：人为解说为自导式解说的一个补充部分，通过流动的景区工作人员与工人为游客提供相应的旅游解说服务。

（三）龙井潭与飞龙潭区

1. 解说发展重点

此区域是花岩国家森林公园内一处标志性景区，花岩国家森林公园内森林生态、溪流生态的解说重点区域。主要有飞龙潭、龙井潭、植物群落、瀑布碧潭形成、空气负离子、植物精气、森林小气候、溪流发源与流程等生态解说。碧潭飞瀑、峡谷溪流、森林栈道，空气清新是游客进行生态之旅的必选之地。

2. 解说主题与解说媒体

（1）解说主题

针对上述解说重点应有的解说主题，各解说主题的重要性说明如下表6-3。

表6-3　龙井潭与飞龙潭区解说主题重要性分析表

最重要的解说主题	重要的解说主题	次重要的解说主题
■ 龙井潭及双折瀑布 ■ 飞龙潭 ■ 植物群落 ■ 瀑布碧潭形成 ■ 空气负离子	■ 植物根劈 ■ 森林小气候 ■ 溪流发源与流程 ■ 植物精气	■ 是谁让水如此清澈 ■ 眼睛喜欢森林

（2）解说媒体发展建议

龙井潭与飞龙潭区是花岩国家森林公园内视域空间最好利用的一个区域，是游客近观潭瀑、浅滩戏水的好地方，也是对游客进行户外解说最好的区域。但是目前此处旅游解说系统很不成熟，针对该区域的资源特色，建议解说媒体以解说牌和自导式解说步道为主，结合未来的发展方向，再配以视听多媒体、引导解说、解说出版品、生活剧场、专题演讲等。

1）解说牌：针对这个区域独特的水域自然生态资源，建议解说牌设计能体现自然、生态、健康、环保、积极等主题，现有牌示需全部更新，适当增加温馨提示牌和安全警示牌。

2）解说出版品：重点介绍整个花岩国家森林公园内独具特色的水域生态文化和森林小气候环境。

3）自导式解说步道：利用现有步道，改造成为花岩自然生态解说走廊；在龙脊栈道上方结合已有栏杆改造成为花岩国家森林公园内森林生态文化走廊，包括植物精气、空气负氧离子、森林小气候、溪流瀑布等解说内容。解说牌参照笔记本造型，尺度较小，文字简单明了，图文结合，重点帮助游客认识其相关特性及特征。

4）人员解说：重点引导游客生态环境意识，增加其生态文化和环保知识。

（四）铜镜潭区

1.解说发展重点

此处是花岩国家森林公园内花岗岩地质景观展示最为独特的地方，视野较开阔，应强化对潭瀑介绍和地质地貌解说和路线的指引。

2.解说主题与解说媒体

（1）解说主题

解说主题包括铜镜潭、花岗岩地质、森林动植物等。各种解说主题的重要性说明如下表6-4。

表6-4　铜镜潭区解说主题重要性分析表

最重要的解说主题	重要的解说主题	次重要的解说主题
■ 铜镜潭	■ 地质解说 ■ 动物肢体进化	■ 谁看谁 ■ 树干是圆的

（2）解说媒体发展建议

铜镜潭解说媒体以解说牌和引导解说为主，其他的解说则依据解说主题的内容配合游程调整集结发展。

1）解说牌：铜镜潭左侧设立石柱式或木板式解说牌，主要为碧潭和花岗岩解说。在铜镜潭至休闲滩道路旁放置与花岩森林动植物相关内容的解说牌。另外，在铜镜潭龙脊栈道末端和另一侧栈道上方交叉路口处分别设立道路指向牌。

2）引导解说：此据点一般与整个景区的生态旅游之行结合起来安排，由导游员为游客进行讲解。

3）解说出版品：重点介绍整个花岩国家森林公园内独具特色的潭瀑景观和森林生态环境。

4）自导式解说步道：利用现有步道，改造成为花岩自然生态解说走廊。

（五）洗心潭区

1.解说发展重点

此区域包括邻近的玉瓶潭和琵琶潭，是花岩国家森林公园内潭瀑最为集中的地方，应重点强化对溪流生态、森林动植物的解说。同时做好安全防护工作。

2.解说主题与解说媒体

（1）解说主题

此区域解说主题包括玉瓶潭、洗心潭、琵琶潭及森林植物特殊现象、动物介绍等。各种解说主题的重要性说明如下表6-5。

表6-5　洗心潭区解说主题重要性分析表

最重要的解说主题	重要的解说主题	次重要的解说主题
■ 玉瓶潭 ■ 洗心潭 ■ 琵琶潭	■ 森林浴 ■ 树抱石	■ 看鱼鳞识鱼龄 ■ 藤缠树

（2）解说媒体发展建议

解说媒体以引导解说和解说牌为主，其他的解说则依据解说主题的内容配合游程调整集结发展。

1）引导解说：此据点一般由导游员为游客进行讲解。

2）解说牌：针对玉瓶潭、洗心潭和琵琶潭分别设置解说牌，并在入口处设置指向牌，在潭边设置安全警示牌。其他小景点解说牌放置尽量与解说对象靠近，图文并茂，以便游客迅速找到解说对象。

3）解说出版品：重点介绍整个花岩国家森林公园内独具特色的潭瀑景观和森林生态环境。

4）自导式解说步道：利用现有步道，改造成为花岩自然生态解说走廊，增加动植物解说知识。

（六）溅玉潭区

1. 解说重点

良好的森林生态环境和溪流生态系统。

2. 解说主题与解说媒体

（1）解说主题

该区域解说主题包括溪流生态系统、碳足迹、森林浴、植物群落等。各种解说主题的重要性说明如下表6-6。

表6-6 溅玉潭区解说主题重要性分析表

最重要的解说主题	重要的解说主题	次重要的解说主题
■ 岩石花斑 ■ 溅玉潭 ■ 碳足迹主题亭	■ 竹子开花后便死 ■ 猴欢喜	■ 树叶落下背面朝上 ■ 森林如何留住水

（2）解说媒体发展建议

解说媒体以解说牌为主。

1）解说牌：在溅玉潭处设置潭解说、戏水注意事项、森林生态系统的相关解说牌。另外在千年古藤旁设一解说亭，以碳足迹和碳补偿为解说主题，同时对花岩四季风光进行集中展示。根据沿途相关动植物资源设置相关主题解说牌。云龙居处设服务点，提供餐饮、休息、商品出售等服务外，设置景区导览图。

2）引导解说：此据点一般与整个景区的生态旅游之行结合起来安排。

3）解说出版品：云龙居内可提供景区旅游手册和旅游指南，重点介绍整个花岩国家森林公园内独具特色的潭瀑景观和森林生态环境。

（七）九龙潭及天外飞瀑区

1. 解说发展重点

九龙潭为花岩九潭之最后一潭，天外飞瀑为规划范围内终点站，植被丰茂，环境清幽，视野开阔。其解说重点为珍稀动植物、溪流生态环境等，强化自导式步道解说和安全警示工作。

2. 解说主题与解说媒体

（1）解说主题

景区解说主题九龙潭、天外飞瀑、人与自然、森林趣味知识等。各种解说主题的重要性说明如下表6-7。

表 6-7　九龙潭及天外飞瀑区解说主题重要性分析表

最重要的解说主题	重要的解说主题	次重要的解说主题
■ 九龙潭 ■ 天外飞瀑	■ 画眉 ■ 树上长蘑菇	■ 看云识天气 ■ 人与自然和谐相处 ■ 森林趣味知识 ■ 天外飞瀑诗词亭

（2）解说媒体发展建议

景区解说媒体以解说牌和自导式步道解说为主，其他的解说则依据解说主题的内容配合游程调整集结发展。

1）解说牌：分别在潭和瀑旁边设立景点解说牌，增加参与性和趣味性知识，让游客回味、思考，强化其记忆效果。考虑到地形较复杂，可适当增加护栏，并设置安全提示牌，防止意外事故的发生。天外飞瀑处可考虑设置解说亭，介绍与花岩相关的动植物知识，丰富此处的内容。由于此处路途较远，沿途可根据现有资源，设立小景点解说牌，按一定距离安放距离提示牌或道路指向牌。

2）自导式步道解说：依托已有相关旅游设施，与解说牌示相结合，将沿途改造成为一条自导式的生态解说步道，重点是森林生态环境教育解说。

（八）花岩寺区解说

1.解说发展重点

花岩国家森林公园最重要的人文解说资源，作为对自然生态文化的补充，解说重点为佛教文化、佛教与名川大山文化等。并结合沿途景观充实相关文化知识内容。

解说主题与解说媒体

（1）解说主题

花岩寺发展历史、寺院文化知识、花岩动植物知识、森林生态景观等。各种解说主题的重要性说明如下表 6-8。

表 6-8　花岩寺区解说主题重要性分析表

最重要的解说主题	次重要的解说主题	重要的解说主题
■ 花岩寺 ■ 珍惜动物展亭 ■ 人类的保健医生	■ 竹子节节高 ■ 香樟	■ 树怕剥皮 ■ 树叶变黄和变红 ■ 森林树木直高大

（2）解说媒体

以解说牌和人员解说为主，辅以解说出版物、生活剧场和展示解说等。

1）解说牌：在花岩寺山门前设立解说牌，着重介绍花岩寺的沿革、文化价值等，对其内部相关设施作简要牌示解说。对游客参观行为、相关禁忌等以解说牌的方式予以规范。

2）人员解说：此据点一般由景区专职讲解员为游客进行讲解，亦可聘请寺院人士予以解说。

3）解说出版物：提供旅游解说手册，重点介绍花岩寺历史文化和寺庙文化知识。

4）生活剧场：可以利用佛教相关文化节事活动开展相关的法会表演，既是一种文化旅游产品和传统文化传承，又是一种新型的旅游解说产品。

总之，目前花岩国家森林公园内的解说设施还极不完善，各解说据点应根据各自特点深入挖掘相关森林生态文化解说资源，各种解说媒体综合利用，并与旅游服务设施和自然环境相融合，在给生态旅游者提供方便的同时，满足其对森林生态文化知识的学习，实现环境教育的目的。

第二节　解说媒体实践

解说是游客与目的地之间的沟通过程或活动交流，达到降低对自然和文化资源影响的目的，并协助启发游客对于自身所处环境的观感了解。所以为使游客能够对环境有明确的了解与认识，必须设置各类型的解说服务设施，以提供相关游憩信息给游客参考应用，且其设计应予以统一，融合周边环境特色与风貌意向，才能使游程具有连续体验，增加想象力及拓展视野等功能。

一、展示设计

（一）主体展示设施的定位与机能

展示设计主要利用现已完成的或规划兴建的游客中心、游客服务站、主题展示馆、解说亭等作为设置地。花岩国家森林公园已建游客中心一处，位于公园管理大楼一楼。笔者建议在管理大楼处拟建花岩植物与动物展示馆，溅玉潭处拟建游客服务站，另外分别在龙井潭休息处、溅玉潭服务站旁拟建主题解说亭各一座，未来将逐步进行新建、调整与修正。就展示的定位与内涵而言，游客中心、游客服务站及主题解说亭不尽相同，为提供管理处展示设计的参考，将这三类主体展示设施的发展定位说明如下：

游客服务站：为园区内游憩资讯服务的中心，除咨询服务与出版品展售外，服务范围内的游憩景点特色、游憩路线、地图、季节活动、衣食住行及注意事项等展示内容，应是展示设计时重要的内容考虑。

主题展示馆：为园区内主题资源特色展示的重心，除相关的馆内解说、视听多媒体放映、专题演讲及出版品外，服务范围内的资源特色展示内容，应是展示设计时重要的内容考量。

游客中心：为园区内解说展示与游憩服务的综合体，可兼具游客服务站与主题展示馆两者的机能。

解说亭：针对园区内环境及动植物资源特点设定相关解说主题，提供休息与展示双重功能。

（二）花岩国家森林公园主要展示设施实践

1. 游客中心

作为未来花岩国家森林公园的展示中心，设置在目前森林公园入口处，针对整体园区的环境资源、科普知识教育等特色进行详尽、完整的说明。

2. 游客服务站

游客服务站应为花岩国家森林公园内仅次于游客中心的服务据点，建议花岩国家森林公园未来发展设计中应在溅玉潭处修建游客服务站与植物、动物解说走廊，借此在解说机能上能完全符合需求，强化服务机能，拓展服务范围，包括：旅游咨询服务及出版品展售等；在服务站内的展示设计上，应将临近游憩景点特色、旅游线路、地图及其他注意事项等内容纳入，方能提供更健全的展示服务系统。

3. 主题展示馆

主题展示馆是针对园区内具有特殊资源条件的据点，强化其解说展示服务，是展示系统中较明确的主体，目前花岩国家森林公园还未建立展示馆，根据未来花岩国家森林公园的发展规划，建议对现有入口管理大楼改造提升，设立主题展示馆，通过展板、模型、文字介绍、图片说明、实物及标本、现场讲解、播放幻灯片录像片等方式传授和展示花岩特色自然资源和历史文化资源的有关内容，寓教于游，真正发挥科普教育基地的作用。

4. 解说亭

解说亭主要是针对景区特色资源进行集中展示，可弥补单体解说牌解说内容少的不足，并提供游客休憩与游乐功能。可选取森林公园特有的珍惜动植物、优越的生态环境、宗教文化知识、环境教育等主题进行集中解说。建议在龙井潭、溅玉潭及天外飞瀑等人流较集中、场地较空阔处修建。

二、解说牌示系统实践

牌示系统的建立一般可分为调研和设计两个阶段。在调研阶段首先应进行整体基地解说潜力资源的调查和整理工作，再根据其资源特色发展解说主题，并进一步选定适当解说基地、确立解说内容纲要；其次则应全面考虑环境的潜力限制、经营管理维护上的需求、经费的许可程度及使用者的喜好等因素，进行牌示系统的整体规划。直至设计阶段，再根据解说版面及基座的内容和形式进行确切的设计，并在完成后施工组装。

本书实践范围涵盖花岩国家森林公园主要的游憩区及景点，为游客主要停留区域，但是园区目前牌示系统还未经过统一规划和整合，并且未拟订设置标准及操作准则，因此形成不同的景点所呈现出的牌示系统也有所差异。

牌示系统可区分为管理牌示系统和解说牌示系统两大类，而管理牌示系统又可细分为意象牌示、指示牌示和公告牌示三类。本部分将针对本设计区域内的牌示系统，提出整体实质建议。

（一）管理牌示系统

1. 意象牌示

意象牌示是由意象表徵使游客在最短的时间，心生抵达感或地域感，且能充分表达当地的环境或人文特色，塑造欢迎的气氛。因此，本区域内，应在一、二、三级解说据点都进行意象性牌示的设置，目前花岩国家森林公园内景区入口、古钟潭、龙井潭、飞龙潭、铜镜潭、玉瓶潭、洗心潭、琵琶潭、溅玉潭、九龙潭和天外飞瀑、花岩寺等处需放置能够代表花岩景区意象的解说牌，以提升花岩国家森林公园游憩资源的整体风格。

2. 指示牌示

指示牌示通常位于交通主次要线及步道的结点，主要目的在提供游客方向导引与所在位置。目前花岩国家森林公园的指示牌示系统设计粗糙，形式单一，破坏严重。从美学的角度及生态的角度都不太符合花岩国家森林公园的未来需求，因此笔者建议原指示牌示应全部更换。

3. 公告牌示

公告牌示一般常见有警告、禁止、公告等性质的牌示，主要目的在于提醒游客的行为，以减少资源的冲击、并保障游客安全。花岩国家森林公园树木众多，野生动物资源丰富，需要提醒游客对花岩国家森林公园生态环境有保育之心，另外花岩国家森林公园内景观以溪流、峡谷、悬瀑为主，地势高低起伏，存在一定的危险性，需要警示游客。

目前园区尚处开发阶段，因此公告牌示系统不太完善，许多公告内容太过简单、枯燥，语气生硬，且设置数量太少，因此建议未来可将公告牌示与临近的其他牌示系统进行整合，可以两方面改进，其一可将临近区域的牌示整合于一体，其二可将公告文字整合于解说内容中。

（二）解说牌示系统

解说牌示系统可细分为三个部分，一为解说内容部分，二为解说硬件部分，三为管理维护部分，以下将分别针对此三部分，提出未来规划设计的实质建议。

1. 解说内容

解说牌示系统为花岩国家森林公园重要的解说媒体，它担负了园区内各级景点、步道的社会教育功能。笔者将针对花岩国家森林公园现有的自然资源、文化资源以及历史沿革，将其转化为解说牌示系统的解说内容。未来仍应持续针对园区内的整体环境进行调查，提供解说牌示实质内容的依据，逐步再健全整体解说服务范围。

2. 解说硬件

目前花岩国家森林公园使用的解说牌示系统数量太少，形式太单一，没有体现花岩国家森林公园内的科技含量，材质与环境也不太协调，没有体现花岩国家森林公园的生态主题，另外在牌面设置地点、尺寸、高度等方面也没有很好的体现以人为本的理念。

因此，建议由管理处逐步进行解说牌示的更新及统一，透过解说牌示硬件设施设计准则的拟订，作为未来解说牌示设置的参考，使得花岩国家森林公园园区内解说系统更趋一致性。

3. 管理维护

（1）资料库的建立与扩充：针对解说牌示的内容（文字、照片、影像），建立一个有系统的资料库，作为后续内容更新、版面设计时的参考。

（2）牌示系统规划设计准则的拟订：管理处应积极委托办理牌示系统规划及设计准则的拟订，包括：材质、样式、尺寸、颜色、与环境融合度、解说内容要求等方面的考虑，提供未来牌示更新与新设时的参考。在旅游解说牌示的材质上，建议多使用木质材料或石质材料。

三、解说步道实践

步道系统为深入体验花岩国家森林公园自然人文资源特色的最佳途径，依据本设计对解说步道系统的分类方式，共分为一至三级，每一层级的解说步道功能不尽相同。越高层级的解说步道，与游客越接近，对相关解说设施的要求也越高。

针对不同等级的步道系统，为达到不同的解说效果，必须设计不同的硬件与软件设施；为达成步道的解说功能，应考虑如下事宜：

1. 明确的步道引导系统

（1）指示牌示系统

指示牌示系统属于各级步道系统皆须具有的基本设施，通过明确的方向指引及里程数提示，可让游客清楚的了解相关位置及所需花费的时间。

（2）步道导览图

步道导览图应设置于步道系统的重要节点，以牌示设施形式呈现；或以折页方式呈现，游客可于游客中心，游客服务站、步道入口或相关出版品中取得不同需求的步道导览图。而层级越高的步道系统，所提供的信息越丰富，表示越清晰。

2. 完善的解说媒体配合

（1）人员解说

主要针对一级步道透过专业解说员的引导，详细而有系统地将景区中重要的自然与文化资源信息传递给游客，通过解说员与游客之间的互动，提供解说步道系统中最具深度的解说方式。人员解说必须具有一定水平，因此针对解说人员专业知识的提升与积累，管理部门应定期举行讲习与训练。

（2）解说出版品

解说出版品应为各等级的步道皆须具备的解说媒体。解说出版品应由管理部门委托专业团队编辑，主要呈现方式有：折页、解说手册、主题性解说书籍等，并应定期更新。

（3）解说牌示系统

解说牌示系统亦为各级步道系统中不可或缺的一环，而层级越高、资源越丰富的步道，其解说牌示的质与量亦将越高，而解说牌示的设置，必须充分的呈现步道系统中的重要资源特色。

第七章　生态文化讲解词撰写实践

第一节　撰写的基本原则

一、根据本实践的要求与任务，综合分析规划区域旅游功能、自然环境、科普教育文化资源、地域人文景观的差异，撰写温州花岩国家森林公园科普教育文化讲解词。为了更好地突出温州花岩国家森林公园科普教育文化讲解词的可操作性，各个讲解点讲解词应该短小精悍、言简意赅、突出重点。

二、故事版生态文化讲解主要是针对花岩国家森林公园游客分级中的第一、二层级游客而编写的，重点介绍温州花岩国家森林公园的历史、发展和生态环境趣味知识。主要是以导游讲解为主，解说牌为辅。

三、科普版生态文化讲解词主要是针对花岩国家森林公园游客分级中的第三层级游客而编写的，重点介绍良好的生态环境资源。主要以自导式步道、解说牌等多种媒体方式的解说为主，导游讲解为辅。

总之，温州花岩国家森林公园生态文化讲解词的撰写，强调科学性、趣味性、地方性三者兼容、互动，使作为我国森林科普教育文化宣传前沿阵地的森林公园，在经济效益、环境效益和社会效益上发挥更大的作用。

第二节　故事版生态文化讲解词

游客朋友们：

大家好！欢迎您来到花岩国家森林公园！首先作个自我介绍吧，我叫×××，大家可以叫我小×。非常高兴今天能由我陪同大家一起游览，希望大家获得一段愉快的森林生态文化之旅。

温州花岩国家森林公园始建于 1991 年，2002 年获批为国家森林公园。森林公园总面积 2640 公顷（26.4 平方公里），属洞宫山支脉，向西可延伸至文成。其主要的地质构造属上侏罗纪磨石山组，母岩主要为酸性火山群屑岩，局部夹有中性熔岩。景区中的最高峰叫五云山，海拔 1029.4 米。

花岩国家森林公园的特点可以概括为"潭瀑胜境、森林氧吧"，具体有四点：

潭瀑美景是景区最大的特点。一条长达 1000 多米的主溪涧——九龙溪贯穿景区，形成 9 潭 18 瀑，九个碧潭伴随着十八条飞瀑隐于幽谷青山之中，大小不一，风格各异，其数量之多、形态之美实属罕见，因而在当地会有"花岩归来不看潭"之说。早在咸丰年间，就有人把这里叫做"九潭"。

森林茂密是景区的另一大特点。森林公园群山环绕，保存着较为完好的大面积天然常绿阔叶林，景区内的森林覆盖率达 98.5%，为温州周边地区所少见，是一个集"幽、秀、神、野"于一体的生态型旅游胜地。

动植物种类丰富是第三个特点。这里有植物 161 科 499 属 1522 种，其中属于国家重点保护的珍稀濒危植物有沉水樟、红豆杉、银钟花、盾叶半夏、花榈木和乐东拟单性木兰 6 种，省重点保护的珍稀濒危植物有竹柏、深山含笑等 29 种，具有药用价值的植物 600 多种，可直接食用的野生果树和野菜 60 多种。这里还有各类野生动物 300 多种，昆虫 900 多种，其中属国家级保护动物的有猕猴、豹、岩羊等 12 种。您经常可以碰到调皮又可爱的猕猴，但是它们又很怕生，您可不能惊扰它们哦！

环境优良是景区的第四大特点。园内空气清洁度非常高，空气细菌含量在 200 个 /cm³（是一般城市的 1/500），空气负氧离子含量最高达 10 万个 /cm³（是一般城市的 500 倍以上）。园内年平均气温在 16℃左右，相对湿度 80%。置身景区，您会觉得空气特别清新，仿佛进入一个天然氧吧。

另外，这里属中亚热带季风气候，四季分明，雨量充沛，冬暖夏凉，也是冬季温州地区观雾凇奇观的好地方。

花岩国家森林公园名字的由来

大家在来花岩国家森林公园之前，是否一直有这样的疑问？这为什么叫花岩呢？目前流传有两种说法：一是外界认为，因为花岩森林公园一直是以森林、银瀑、碧潭、花岗岩地貌为特色，园中花岗岩多，故名为花岩公园；另一种是当地人认为，由于这里的特殊地理条件，园内的花斑岩壁非常多，加之山花时常散落于岩壁，因此取名为花岩公园。也许两者都对，也许都不对，具体为什么叫花岩，还是等您来慢慢发掘吧。

一、大门入口处

花岩公园是生态旅游胜地，大家来这里，请遵守"三大纪律"：

第一，在公园内，不能随便砍伐、狩猎、野外用火、遗弃垃圾等，注意环保。

第二，不要在公园内随意采集标本、摘尝野果，有些植物的汁液、花朵或果实鲜艳惹人，但很可能有毒，影响您的身体健康；

第三，不要单独进入未经开发的森林里，容易迷失方向，遇到体型较大的野生动物，人身安全受到威协；

有句公益广告词说得好啊，"当第一棵树被砍倒的时候，人类的文明开始了；当最后一棵树被砍倒的时候，人类的文明就结束了"。所以，爱护大自然，保护野生动物，是我们每一个地球人的责任。在此首先谢谢各位的配合了。

1. 龙虾出洞

在大门口的池子中，有只巨大的龙虾正慵懒地趴在洞口处。它坚硬、分节的外骨骼，在太阳的照射下，显得格外耀眼。此时，它正眯着双眼，享受着清晨的阳光。

2. 老人岩

大家请往您的右手边看。在远处葱翠欲滴的群山中，隐约可见一位百岁老人的轮廓。没错，这就是老人岩。看，老人那两条长长的眉寿，仿佛在告诉你这里曾经的变革。

3. 烽火戏猪猴（诸侯）

请大家抬头看，不远处，几块白色巨石从绿色的树丛中脱颖而出。你们看，像不像是猪猴（诸侯）们在开会呢？

据说，当年周幽王为博褒姒一笑，点燃烽火台，戏弄诸侯。临近诸侯们闻讯，赶忙聚集在一起，商讨营救策略，却不知是周王的一个玩笑之举。你看，连我们花岩的猪猴们也都信以为真。这不，它们正连夜开会，心急如焚地想着如何去烽火台营救周王。

二、入园后

4. 龙王金椅

在风光旖旎的花岩九龙溪上,远看有一把缺底座没把手的石椅,人称"龙王金椅"。传说这是东海龙王原本要献给王母娘娘的寿礼。再往前走一段,在侧山坡上,您还会看到一只昂首环视的石乌龟,人称"守山龟"。它便是将金椅护送到天庭给王母的龟丞相。

相传,在王母娘娘准备开办蟠桃大会之时,东海龙王决定将自己的宝座——黄金椅献给王母。黄金椅是世上少有的稀世珍宝,可它却有个缺陷,不能见光,遇光化石。于是,龙王便派做事认真细心的龟丞相护送金椅。谁想人算不如天算,就在护送金椅到九龙潭口时,龟丞相一班人马,突遇暴雨,金椅误落红尘,掉落在这里,金椅瞬间变成了石头椅。可怜的龟相自知犯下大错,无颜返回天庭,便甘愿留在这花岩山守望着碧潭青山,稍后您可以去找一找它。

眼前这石椅虽没有椅座,但是当地人认为,只要是真正有福气的人就能非常安稳地坐上去。您也不妨去试一试,测一测自己到底是否属于有福之人!

5. 杉林幽径

大家现在所走的小路,就是杉林幽径了。顾名思义,杉林幽径就是布满杉树的幽林小径。大家看,在小径的两旁那一株株高大的树木,就是杉树了。杉树您一定不陌生,可您知道,杉树为什么叫"杉树"吗?那是因为杉树的树冠看起来呈分散状,"杉"字与"散"字读音相近,因此,"杉树"就是"散树",表示树冠分散的一类树。

杉树与我们的生活息息相关,如我们的家具很多都是用杉木做的。那么大家知道我们为什么这么喜欢用杉木做家具吗?首先是因为杉木生长周期短,材质好,满足人们的需求;其次,它的纹理通直、结构均匀,不翘不裂,符合家具用材的要求;再次,杉木的材质轻韧,强度适中,质量系数高,保证了家具的质量;最后,杉木具有香味,木材中含有的"杉脑",能抗虫耐腐,保证了家具的使用寿命。

6. 老鹰尖

站在凤尾池的石墩上,请向您的右手边望,您会看到远处有一座尖顶的山峰,山峰的正面是个洞,棱角分明,形状十分奇特,像是个张开的嘴巴,露出几颗尖利的牙齿。

大家可能会问，为什么它叫老鹰尖呢？听当地人说，原来这一带是有老鹰的，老鹰们常从附近的村庄里把鸡等家禽叼走，将食物储存在这个尖嘴山洞中。长此以往，人们就将这个山峰称为老鹰尖。

7. 金猴出世

大家请看下这两块巨石，它像不像来自同一块巨石呢？中间的裂缝是否让大家联想起《西游记》中从石头缝里蹦出的孙猴子呢？没错，这就是"金猴出世"，传说是当年猴子裂石出世留下来的。

据说这里原来生活着很多猕猴，它们经常跑下山，打扰当地的农民，偷他们的番薯吃。人们便请来一个捕猴的师傅将其几乎捕尽。后来又经过很多年，这里的猕猴逐渐生殖繁衍，现高达两三百只，是温州市最大的野生猕猴群。

8. 孔雀瀑

还在凤尾池处，你就能听见水流击石的声音，真是未见其形，先闻其声。登上金猴亭，不远处可见一条瀑布自山洞洒落下来形似一只引颈探首，身披白羽的美丽孔雀，故名为孔雀瀑。你们看那上面细的是孔雀的脖子，中间粗的是孔雀的身子，下面散开的浪花是孔雀漂亮的尾巴。它好像在跟别人比美，尽情的展示它的美丽羽毛。水流从它的颈项经背部流下，越发使得它晶莹剔透，此时此刻，还有谁能比它更漂亮呢？

在这里还有个美丽动人的传说。相传这个瀑布口曾住着一个恶魔，他法力高强，擅于喷火。每年都要向山下的百姓索要很多食物，如不能满足他，他便喷火，烧毁村庄。山下百姓受其压榨，敢怒不敢言。有一年，村里闹旱灾，村民们收成不好。眼看着快到年底，大家还是拿不出恶魔要的那个数，每个人都愁眉苦脸的，心中祈祷着救世主的到来。这时，被途经这里的孔雀仙子看到，她决定帮大家解脱苦海。

于是她来到了恶魔住的洞穴，与恶魔大战了几天几夜，最终将恶魔打败。恶魔不甘心，在临死前，将自己最后一口精气化作一团火，留在了洞穴。恶魔是死了，可洞穴成了火山口，不断的向外喷火。孔雀仙子，为了拯救当地的人们，将自己的身躯堵住了火口，自己却化成一滩水，变成了瀑布。当地的百姓为纪念孔雀仙子，将这瀑布命名为"孔雀瀑"。

9. 黄牛奶树

大家请看路边的这棵树，它的名字叫黄牛奶树，别名花香木。为什么叫它

"黄牛奶树"呢？莫非是因为它可以产出黄色牛奶？当然不是的，此牛奶非彼牛奶。这里的"牛奶"其实指的是我们将其树皮划破后，它流出的乳白色液汁。这液汁就像是挤出的牛奶一样，故名为黄牛奶树。

说到牛奶，大家可能会想到面包。既然有牛奶树，那么，世上会不会有面包树呢？还别说，真的有。

面包树学名木菠萝，因果实呈橙黄色，外形像面包而得名。它的生长范围很广，在印度、斯里兰卡、巴西、非洲及中国的广东和台湾等省都有分布。这里我们所说的面包树果实不仅可以吃，很好吃，而且营养价值还很高，是南太平洋一些岛屿上居民的木本粮食呢。

10. 听龙桥

现在您看到的这条溪流就是九龙溪，它源于五云山，经花岩汇入潘溪，最后流进飞云江。您面前的这座桥叫"听龙桥"，是当地意大利华侨项克斋先生捐资3万元兴建的。

可能大家会问这桥为什么叫听龙桥呢？是因为在这里，您会听到山石间喷出的水声就像是龙在耳边鸣叫，环看四周，山峦耸翠，蜿蜒盘绕，形似龙的身躯，于是人们把这条桥取名为"听龙桥"。

您看桥边这块大立石像不像一只鞋楦？传说这是五代时一位仙人腾云驾雾时不小心掉下来的。右边这座山就是五云山，据说山名就是这位仙人赐予的。

不知道您是否注意到桥的两边，看见没有？一块块形象各异的白色巨石呈现在大家眼前。仰天长啸的人面狮身兽、温顺的老绵羊、俏皮的哈巴狗，慵懒的河马，可爱的小狐狸等一个个都在用他们自己独特的方式欢迎您呢。

现在请您将目光移到左边的山上。看，这笋似的山峰便是"朝天莲苞"，据说它是白莲仙子的化身。离朝天莲苞不远处，还有只绿色的巨龟驻守在旁边，这就是我们前面所介绍的"守山龟"。

三、古钟潭区域

11. 藤缠树现象

大家请看，树丛中一根根纤细坚韧的枝蔓蜿蜒纵横，相互交错的缠绕着，编织成一个藤萝世界。这就是我们所说的藤缠树现象。

藤与树相互依偎着生长生存，相互取舍各自的所需所弃。藤可以倚靠树来向上生长，接受阳光雨露，以及看到外面的世界。树亦可倚藤的缠扶来得到抚慰温藉，以便动物到树上顺藤攀爬，到树上捉虫摘果，可减少疾病和把种子远传散播繁生后代。因此，藤缠树也称"同生树"。

在民间，人们称"藤缠树"为"小蜜傍大款"，意思是死缠着你，但不缠死你。

12. 古钟潭

现在映入您眼帘的这座亭叫"钟韵亭"。大家注意到亭柱上的对联了吗？"深山古寺钟声远，翠林碧水韵味长"。听，远处正传来花岩寺的钟声！

那么，钟在哪里呢？可以给您一个小小的提示：答案就在那一汪碧潭里。

对了，您面前的这个水潭就是一口大钟，它因为形似古钟而得名的。很多人通过朱自清的文章——《绿》知道，仙岩有个梅雨潭，那里有醉人的绿。其实估计朱自清那时候还没有机会到花岩来，游过花岩的人都会说"真正醉人的绿在花岩"。

在离潭不远处，溪中有二棵罕见树木，六月发芽，十月落叶，故名"不知春"。清晨潭面薄雾轻纱，暮色来临，夕阳西照，飞鸟归林，别有一番风韵。

此时此刻，您一定很想与这古钟潭里碧玉般的潭水来一次亲密的接触，您如果只是在潭口玩耍当然没问题，但是千万别让自己滑到钟里面去了，因为这古钟潭外面虽浅，里面却深得很呢。

13. 金毛狗和里白

您知道植物界的金毛狗吗？植物界的金毛狗为大型树状陆生蕨类，植株高1—3米，根状茎粗壮肥大，直立或平卧在土层表面，末端上翘，露出地面部分密布金黄色长茸毛，状似伏地的金毛狗头，故称金毛狗。金毛狗的金黄色茸毛，是良好的止血药，中药名为狗脊。伤口流血处，粘上茸毛，立刻就能止住流血。

里白（李白），大家听到这个名字可能会联想到唐代诗人李白，难道这里会有李白吗？大家别误会，我所说的此里白非彼李白，而是植物里白。里白别名大蕨萁、蕨萁（四川），大型陆生蕨类植物。它虽不会像诗人李白那样饮酒作诗，但却能治病救人，它的根茎及髓部就有收敛止血、续伤接骨的功效。

现在，我们大家所看到的这一丛丛蕨类中，就有金毛狗和里白。它们是不是很像啊？其实，它们还是很容易区别的。金毛狗叶柄的基部具有一大片垫状的金色茸毛，越至上部茸毛越疏。它的幼叶刚长出时呈拳状，也密布金色茸毛，在医药不发达的年代，常用其叶柄基部的茸毛来止血。里白则没有。大家现在可以区分得出这两种蕨类了吗？

14. 温州水竹

水竹是所有竹类中最耐水湿的竹种，多生于河岸、湖旁或岩石山坡上。水竹天生一副文静姿态，茎挺叶茂，竹身细长，节间长且色青，鞭节间较短，茎秆姿态潇洒飘逸，颇有翩翩君子之风韵。因此，竹与梅兰菊并称四君子，且与梅花、苍松结为岁寒三友。大诗人苏东坡对竹子更是情有独钟，"宁可食无肉，不可居无竹"。古人为什么对竹子这般宠爱呢？那是因为竹有七德：

> 竹身形挺直，宁折不弯；是曰正直。
>
> 竹虽有竹节，却不止步；是曰奋进。
>
> 竹外直中空，襟怀若谷；是曰虚怀。
>
> 竹有花不开，素面朝天；是曰质朴。
>
> 竹超然独立，顶天立地；是曰卓尔。
>
> 竹虽曰卓尔，却不似松；是曰善群。
>
> 竹载文传世，任劳任怨；是曰担当。

15. 高楼杨梅

各位看到这几株杨梅树了吗？这可是高楼有名的"黑炭梅"。黑炭梅因颜色红得发黑，似黑炭而得名。黑炭梅以"颗大、色艳、汁多、味重"为四大特色，吸引着各地的游客。如果大家碰巧在 6 月份来到此地，还能赶上这儿的杨梅节呢！

说到温州的杨梅，我们不得不谈谈它的杨梅史。温州的杨梅据史记载有 500 年以上的栽培历史。明朝弘治年间（1488-1505 年）《温州府志》载："杨梅，泰顺尤盛"。清光绪 8 年（1882 年）《永嘉县志》载："旧志土产杨梅，今出茶山者，味尤胜"，现温州杨梅种植面积达到 29.2 万亩，产量 7 万多吨，全市种植面积占浙江省总面积的四分之一，产值达到 3.5 亿元，基地大致分布在温州瓯海、鹿城、永嘉、瑞安、苍南、平阳、乐清等县（市），其中最具有名气的温州杨梅属温州瓯海茶山订岙杨梅、永嘉东魁杨梅、瑞安高楼杨梅。品种有丁岙梅、东魁杨梅、荸荠种杨梅、晚稻杨梅等全国四大良种，还有罗川梅、永嘉刺梅、大荆水梅、流水头种、早梅儿、黑炭儿、土大、高桩、水晶杨梅等地方品种。在 1992 年"丁岙杨梅"被浙江省农业厅命名为浙江省四大杨梅优良品种之一。因茶山丁岙杨梅果重平均 17 克以上，固形物高达 12% 以上，酸甜可口，色紫黑，果柄特长而被赋予"红盘绿蒂"之称。

四、龙井潭与飞龙潭区域

16. 龙井潭

您现在看到的是"龙井潭"。龙井潭因潭深似井，飞龙在卧而得名。在"龙井潭"的右边立着一位巨人，正凝神注视着潭中的盈盈碧水。从下往上看，他的脸是朝着前方的，水刚刚漫到他的颈部；从侧面看，他头戴盔甲，两道唇线特别明显，嘴角还长着稀疏的胡子，他的鼻梁高高的，鼻尖紧倚着上唇，眼睛半睁半闭的，好像在思考什么问题。

17. 飞龙潭

旁边还有一个碧潭名叫"飞龙潭"，它深11米，一条瀑布犹如白色缎子从天而降，折成均等的两段，名曰双折瀑。

双折瀑上方出口处称龙门，从二潭看三潭，三潭就犹如一条巨龙横空出世，您能清晰地看见它的龙冠、龙嘴、龙须和龙脊。

传说多年以前，这潭里生活着一条有千年道行的大鲤鱼，平时，它看到山民们坐在潭边小憩时，总是摇头摆尾地探出头来与人同乐。有一年，山民们遭受了一场空前的旱灾，土地都被晒裂开来像龟背一样了。这鲤鱼得知后，十分同情山民们的遭遇，它听说自己只要跳过九龙潭的龙门就可化龙行雨时，当即决定全力以赴去试一试，为民解除苦难。结果，它历尽千辛万苦，倾尽全身功力，先后跃过了六个碧潭，终于变为一条赤色蛟龙直上云霄。顷刻间，大雨便"哗哗哗"的倾泻下来。花岩的山民们得救了，一时间，山里山外欢声雷动。

那鲤鱼化龙后，天庭让他留在天池享福，可他因留恋着三潭的秀美和花岩农民的友情，化成石龙，留在旧居。山民们得知后便将三潭改名为"飞龙潭"。此后，每逢山里遭遇旱情，山民们都会到飞龙潭来求雨，据说还挺灵验的。

站在飞龙亭向下看，飞龙潭犹如福禄寿中的寿星，你看他轮廓清晰，广额白须。瞧，他正冲着对面撇嘴偷笑呢，一不小心还露出了一口白牙！

五、铜镜潭区域

18. 铜镜潭

从龙脊栈道下来后，我们现在所看到的就是花岩公园的第四个潭"铜镜潭"。

铜镜潭因潭的形状酷似一面铜镜而得名。相传这是九龙潭龙王公主的铜镜，它记载着一段凄美动人的爱情故事。

许多年以前，山外有个孤儿叫善民，生性憨厚勤劳，天天到花岩山上砍柴捡柴，然后挑到高楼街上换回盐米，艰难度日。有一天，他到九龙潭边的悬崖上去砍柴，不料跌下峭壁，撞昏了过去。醒来时已躺在不远的一个石洞之中，洞中有一个叫白蝉的姑娘和她的两个婢女正在给善民敷药擦身。原来，她们是九龙潭龙王的九公主和她的婢女。经过她们的悉心照料，善民的伤渐渐的好了。而朝夕相处，却使两个年轻人的心越来越近，于是她们冲破贫穷、异类的困惑结合在一起。后来此事被龙王得知，派他的虾兵蟹将来此地抓白蝉，白蝉知道后，自知在劫难逃，情急之下，将自己的贴身铜镜赠与了善民，含泪与善民分别。就这样，他俩被硬生生地拆散了。善民悲痛欲绝，终日对着铜镜，以泪洗面，郁郁寡欢而死。铜镜被他俩的爱情感动，于是，将善民的眼泪汇聚成潭，期待有一天白蝉回来时，能感知善民的那份爱。

19. 有毒植物的辨别

森林实在是个美妙的世界，但绝非处处是美好的，有些植物甚至有剧毒，别说采摘来吃了，哪怕就是摸一下都有可能伤害到我们。下面为大家介绍六种常见的情况，遇到了，可要小心的避开才好。

第一，如果树汁接触皮肤或舌面时有干涩或辣烫的感觉，其中常含有草酸盐，应该避开这些植物。如夹竹桃：常绿灌木，开桃红色或白色花，分布广泛，其叶、花及树皮均有毒。

第二，不要采集任何带有乳白色奶状汁液和亮红色的植物，除非能确认它无毒（如蒲公英）。如毒毛旋花：亦称箭毒羊角拗，灌木，花为黄色，有紫色斑点，白色乳汁，全株有毒。

第三，别去采集分裂成五瓣形的浆果，除非确认它是安全的。如颠茄：多年生草本植物，叶子互生，一大一小，夏季开花，钟状，淡紫色，果实为浆果球形，成熟时为黑紫色，其叶和根有毒。

第四，最好不要采集茎叶上有着微小倒钩的野草或其他植物。如洋地黄：亦称紫花毛地黄，草本植物。全柱覆盖短毛，叶卵形，初夏开花，朝向一侧，其叶有毒。

第五，不要采集衰老或已枯萎的叶片。有些植物叶片在枯萎时会分解形成致命的氢氰酸，包括黑莓、樱桃、梅树和桃树等，但是它们的嫩叶、鲜果或干果都可以食用。

第六，不要采集成熟的羊齿类植物即叶片细裂如羊齿的蕨类植物。如羊齿类铁角蕨属的植物。

六、玉瓶潭区域

20. 生长在石头上的树

现在我们大家来到的是休闲滩，不知道大家注意到这里的树了吗？大家有没有觉得什么不一样啊？对了，细心的您一定会发现，这里的树是生长在石头上的。没错，这是花岩公园的一大特色。大家可能会问：一棵大树怎么能生长在石头上，它靠什么生存呢？这不得不让我们感慨生命力的顽强，就在这极度艰苦的环境下，树也能将其根伸向石缝深处，寻找水分、汲取营养。

这不正体现了浙江精神中的"自强不息、坚韧不拔、勇于创新"吗？浙江人民正是凭着这种精神，为浙江赢得了经济发展和体制创新的先发优势，并使其成为全国经济增长速度最快和最富有活力的省份之一。

21. 玉瓶潭

您现在已经到达"玉瓶潭"了，您看，它是不是很像一只玉制的花瓶呢？这里的潭水是五颜六色的，而且水温特别低。

潭边有两条风格迥异的瀑布，左边细如珍珠，在阳光的映照下熠熠发光；右边粗如藤条，像是要向人们昭示自己的力量和胆魄，两条瀑布最终汇成一条注入玉瓶。

七、洗心潭和琵琶潭区域

22. 森林浴

想必大家对森林浴这个词语都不陌生，那么什么是森林浴呢？它是由桑拿浴、日光浴等派生出来的一种时尚用语，意思是到树林中去沐浴那里特有的气息、氛围，并进行一些舒缓的活动。森林中杉林、柏树等树的香味有降低血压、稳定情绪、松驰精神的作用。在森林中散步时，血压和抑郁荷尔蒙的含量都会降低，另外森林中的鸟鸣会让人心情平静，有助于缓解失眠症状。这就是为什么现今如此流行"森林浴"的原因。

那么怎样进行"森林浴"呢？其实，做"森林浴"非常简单，掌握几个原则就可以了：第一，最好选择一大片森林，因为森林越开阔，空气的质量就越好；

第二，在森林中步行最少 3 个小时以上，直到身体微微出汗，毛细孔扩张；第三，在森林中多做深呼吸；第四，做体操、闭目养神、腹式呼吸、仰天长啸、手抓树干推拉运动等活动，尽量将体内的废气排出；第五，衣服穿着以吸汗、透气的材质为宜，穿得太少容易感冒。森林浴具有的保健作用不容我们忽视，但专家们同时指出，如果已经患病，当然就要去医院治疗，"森林浴"只是在预防疾病或者在康复阶段进行的活动。好了，大家已经跃跃欲试了吧，那就行动起来吧。

23. 洗心潭

潭成一个心形，据说，潭中的水能消除身体上和心灵上的烦恼和忧愁，故名为"洗心潭"。大家看，这里的水多清澈啊！据卫生防疫部门检测，花岩的水质符合国家《地面水环境质量一级标准》，水中含有人体所需 9 种矿物质，含沙量也仅 0.01 克 / 吨。

传说这里曾是仙女们洗澡的地方，所以又叫"仙浴潭"。大家看，这像不像是一个浴缸啊？对了，这个浴缸还有一个很好听的名字，叫"玛瑙浴缸"，你看这个浴盆中的水正在形成一个又一个的漩涡，如果在这个浴盆中泡上一回，还可享受一回免费桑拿浴呢！

24. 琵琶潭

在"仙浴潭"的上面有个潭叫做"琵琶潭"，因潭形似琵琶而得名。说到琵琶，不经让我们想到浙江瑞安人高则诚著名的《琵琶记》，它描述的是汉代书生蔡伯喈与赵五娘悲欢离合的故事。书生蔡伯喈与赵五娘新婚不久，就进京赶考，并一举高中。他本以为可以光宗耀祖，回家尽孝道，不料却被牛丞相相中，逼迫娶其女，并困于京城。可怜家中年事已高的父母只五娘一人照料。因家境贫寒，二老纷纷过世。五娘将父母俩安葬好，便身背琵琶，沿路弹唱乞食，前往京城寻夫，千辛万苦，最终与夫团圆。

莫非我们眼前的这把琵琶就是当年五娘寻夫时弹唱的那把？

八、溅玉潭景区

25. 千年古藤

大家注意脚下，这里可躺着一位老寿星呢！它叫云实。云实幼枝密被棕色短柔毛，老即脱落，刺多倒钩状，淡棕红色。植物的生长分为纵向生长和横向生长，茎顶端分生组织引起植物长高，而形成层细胞分裂引起植物长粗。一般来说，云实的形成层生长不活跃，所以横向生长很慢。大家现在看到的这棵云实，可是云实中的元老了。

26. 花岩镇山之宝石

大家看到这片花岩石了没？是不是有点明白为什么这里会叫"花岩"国家森林公园了呢？鳞片状的地衣覆盖在石块上，就像为他穿上了花色的外衣。地衣是真菌和藻类共生的一类特殊植物。无根、茎、叶的分化，能生活在各种环境中，被称为"植物界的拓荒先锋"。

27. 溅玉潭

现在出现在您眼前的是"溅玉潭"。这个潭的特点在于：左边的一半潭水比较浅，最深处估计也不会超过 1 米；而右边的一半潭水则比较深，平均约 4 到 5 米。潭旁有一瀑布名曰"珠帘瀑布"，因坡缓，瀑布在流经岩壁时，像一串串珍珠帘布，而得名。如果你盯着看上多时，就会觉得每一颗晶莹剔透的珍珠都在翻滚。

九、九龙潭区域

28. 猴欢喜

猴欢喜属杜英科，猴欢喜属。因其果外被细长刺毛，熟时红色，猴儿喜食，而得名。猴欢喜树冠浓绿，果实色艳形美，宜作庭园观赏树。

29. 猕猴

花岩公园的猕猴是温州市最大的野生猕猴群，数量多达两三百只。

谈到猕猴，这里，小 x 给大家介绍些有关猴子的趣味知识。不知道大家在观看猴子时，有没注意到这样一个现象。猴子们在闲暇时，总喜欢给对方抓痒，然后冷不丁地将什么东西放进嘴里，吃得津津有味。大家知道它们在吃什么吗？可能大多数人会毫不犹豫地说，它们是在捉对方身上的"虱子"吃。事实并不是这样的，它们所吃的"虱子"其实是它们同伴身上的盐粒。

因为猴子平常所摄取的食物含盐量少，所以就只能从对方的身上拾取盐粒吃，以此补充身体所需盐分。可能大家会有疑问，猴子身上又哪来的盐粒呢？道理很简单，猴子排泄出来的汗液里就含有盐分，汗水挥发后，这些盐分便会同皮肤和毛根上的污垢结合成盐粒。

30. 九龙潭

接下去，迎接我们的便是九龙潭了。九龙潭又名九潭，因"九"具有"圆满、极致、最高级别"的意思，加之，据说潭下方的池中藏有九条巨龙石，而得名。所以，下方的池水，也美其名曰"龙吟池"。大家快来数一数，看看您能数出几条龙？

十、天外飞瀑区域

31. 画眉

画眉是一种羽毛高雅，个头适中，外形美观，具有美妙歌喉，能鸣善斗的鸟类。关于它名字的由来，民间还有一个传奇般的故事：

在春秋时期，吴国灭亡后，范蠡和西施为了避免被越王勾践杀害，化名隐居于德清县的蠡山下一座石桥附近。每天清晨和傍晚，爱美的西施都要到附近的一座石桥上，以水当镜，照镜画眉，把两条眉毛画得弯弯的，格外好看。一天，有一群黄褐色的小鸟飞过石桥，来到她身边不停地"呖呖"地欢唱着。它们见西施在画眉，越画越好看，于是便互相用尖喙画对方的眉毛。不多时，它们居然也"画"出眉来了。范蠡见西施画眉时总有一群小鸟在陪伴着她，好生奇怪，便问西施："这群小鸟，似乎和你结下了不解之缘，不知叫什么鸟？长得这样好看，叫得这样好听！"西施笑答："你没有看见吗？我画眉，它们也画眉，它们都有一双美丽的白眉，就像用粉笔画上去似的。不管是什么鸟，我们就叫它'画眉'吧！"

由于西施这样称呼这种小鸟，于是，"画眉"这个美称就自此世代相传，并一直沿袭至今。

32. 樟树

樟树属樟科，常绿乔木，具有强心解热、杀虫之效。同时，樟树所散发出的松油二环烃、樟脑烯等化学物质，有净化空气，抗癌等功效，所以，科学研究证明，长期生活在有樟树的环境中会避免患上很多疑难病症。

33. 天外飞瀑

现在我们来到了天外飞瀑景点。首先，请大家先闭上眼睛三秒钟，让我们一起来做深呼吸！怎么样？是不是感到神清气爽呢？那是因为天外飞瀑是公园内落差最大的瀑布，垂直落差约40米，因此，它是全景区内空气负离子含量最高的地方。负氧离子又称为空气维生素，长寿素，对人体健康非常有益，它能促进新陈代谢，对过敏性鼻炎、支气管炎、哮喘、高血压、肺气肿等疾病能起到缓解或治疗的作用。

所以，您在这多呼吸几次说不定比吃药还管用呢！大家就赶快尽情地享受天外飞瀑为您慷慨献出的氧气大餐吧，尽量的放松心情，感受自然山水的美丽。

十一、花岩寺区域

34. 花岩寺简介

花岩禅寺初建于清康熙年间，文革期间被毁，1993 年重建，该寺雄伟壮观，佛像庄严肃穆，有观音施净水、龙涎溢圣泉，院中植乾坤偶柏，堂上置玉鼓金钟，由以松莲佛座和万劫琥珀宝鉴为世上绝奇之珍。寺内景色甚美，正如该寺天王殿楹联所述：绿树成荫迭迭花岩藏佛寺，碧潭飞瀑潺潺溪水伴钟声。

35、枫香

大家注意看，我旁边这株树是三角枫还是五角枫呢？是的，这是三角枫，因为叶片三裂而得名，又叫枫香，以其红叶著称，是红叶木的一种。五角枫是红叶木的另外一种，又叫白械木。赏枫要看天气，也需要经验加点运气。当气候由暖变冷，枫、械等变叶木便开始转红了。根据经验，每年的深秋就是赏枫的最佳时节，到时大家可以来看万山红遍，层林尽染的秀美景色了。

36. 乌梢蛇

乌梢蛇背面颜色由绿褐、棕褐过渡到黑褐，也可分为黄乌梢、青乌梢和黑乌梢，李时珍《本草纲目》对其食用和药用价值作过详尽的说明。在当时社会，乌梢蛇以其独有的食、药、保健疗效，再一次被人们认识。传统药中的乌蛇即为本蛇的干品，皮可独立炮制"乌蛇酒"或"乌蛇胆酒"，深受中外消费者的欢迎。

那么我们如何区分有毒与无毒蛇呢？

首先，最根本区别是毒蛇有一对长而尖细的毒牙，牙痕为单排，较大或较深；无毒蛇的牙痕则为双排。

其次，从蛇的外形来看，通常毒蛇的头大颈细、呈三角形，尾短而突然变细，体表花纹比较鲜艳；大多数的无毒蛇头比较大，呈椭圆形，尾相对较长，体表花纹多不明显。

欢送词

各位游客，现在呢，花岩森林公园的游览全部结束了，很高兴和大家一起游览，不知道大家对这次的森林之旅是否满意，希望此次的参观能给您留下一段美好的回忆，也很希望大家有机会能再次来我们花岩森林公园旅游度假。

第三节　科普版生态文化讲解词

游客朋友们：

大家好！欢迎您们来到花岩国家森林公园！首先作个自我介绍吧，我叫×××，大家可以叫我小×。非常高兴今天能由我陪同大家一起游览，希望大家获得一段愉快的森林生态文化之旅。

温州花岩国家森林公园始建于 1991 年，2002 年获批为国家森林公园。森林公园总面积 2640 公顷（26.4 平方公里），属洞宫山支脉，向西可延伸至文成。其主要的地质构造属上侏罗纪磨石山组，母岩主要为酸性火山群屑岩，局部夹有中性熔岩。景区中的最高峰叫五云山，海拔 1029.4 米。

花岩国家森林公园的特点可以概括为"潭瀑胜境、森林氧吧"，具体有四点：

潭瀑美景是景区最大的特点。一条长达 1000 多米的主溪涧——九龙溪贯穿景区，形成 9 潭 18 瀑，九个碧潭伴随着十八条飞瀑隐于幽谷青山之中，大小不一，风格各异，其数量之多、形态之美实属罕见，因而在当地会有"花岩归来不看潭"之说。早在咸丰年间，就有人把这里叫做"九潭"。

森林茂密是景区的另一大特点。森林公园群山环绕，保存着较为完好的大面积天然常绿阔叶林，景区内的森林覆盖率达 98.5%，为温州周边地区所少见，是一个集"幽、秀、神、野"于一体的生态型旅游胜地。

动植物种类丰富是第三个特点。这里有植物 161 科 499 属 1522 种，其中属于国家重点保护的珍稀濒危植物就有沉水樟、红豆杉、银钟花、盾叶半夏、花榈木和乐东拟单性木兰 6 种，省重点保护的珍稀濒危植物有竹柏、深山含笑等 29 种，具有药用价值的植物 600 多种，可直接食用的野生果树和野菜 60 多种。这里还有各类野生动物 300 多种，昆虫 900 多种，其中属国家级保护动物的有猕猴、豹、岩羊等 12 种。您经常可以碰到调皮又可爱的猕猴，但是它们又很怕生，您可不能惊扰它们哦！

环境优良是景区的第四大特点。园内空气清洁度非常高，空气细菌含量在

200 个 /cm³（是一般城市的 1/500），空气负氧离子含量最高达 10 万个 /cm³（是一般城市的 500 倍以上）。园内年平均气温在 16℃左右，相对湿度 80%。置身景区，您会觉得空气特别清新，仿佛进入一个天然氧吧。

另外，这里属中亚热带季风气候，四季分明，雨量充沛，冬暖夏凉，也是冬季温州地区观雾淞奇观的好地方。

花岩国家森林公园名字的由来

大家在来花岩国家森林公园之前，是否一直有这样的疑问？这为什么叫花岩呢？目前流传有两种说法：一是外界认为，因为花岩森林公园一直是以森林、银瀑、碧潭、花岗岩地貌为特色，园中花岗岩多，故名为花岩公园；另一种是当地人认为，由于这里的特殊地理条件，园内的花斑岩壁非常多，加之山花时常散落于岩壁。因此，取名为花岩公园。也许两者都对，也许都不对，具体为什么叫花岩，还是等您来慢慢发掘吧。

一、入园后

花岩公园是生态旅游胜地，大家来这里，请遵守"三大纪律"：

第一，在公园内，不能随便砍伐、狩猎、野外用火、遗弃垃圾等，注意环保。

第二，不要在公园内随意采集标本、摘尝野果，有些植物的汁液、花朵或果实鲜艳惹人，但很可能有毒，影响您身体健康；

第三，不要单独进入未经开发的森林里，容易迷失方向，遇到体型较大的野生动物，人身安全受到威胁；

有句公益广告词说得好啊，"当第一棵树被砍倒的时候，人类的文明开始了；当最后一棵树被砍倒的时候，人类的文明就结束了"。所以，爱护大自然，保护野生动物，是我们每一个地球人的责任。在此首先谢谢各位的配合了。

1.杉林幽径

（主题 1：杉木为什么是叫杉树呢？）

杉类，轮状分枝，节间短，小枝比较粗壮斜挺，针叶短粗密布于小枝上。其树冠看起来呈分散状。"杉树"就是"散树"，表示树冠分散的一类树。

（主题2：杉木为什么这么受人们喜欢呢？）

据统计，我国建材约有1/4是杉木，其被广泛用于建筑、桥梁、电线杆、造船、家具和工艺制品等方面，有"万能之木"之称。

这是因为杉木材质细致轻软、结构均匀，木材纹埋顺直、耐腐防虫，易加工。树皮可盖屋顶，单宁含量约10%。侧枝可制木桶及桶柄。根、皮、果、叶均可药用。另外，杉木对二氧化硫(SO_2)、氯气(CL_2)、氟化氢(HF)等有较好的抗性和解毒杀虫的作用。此外，据调查，杉木林地带所散发的植物精气是最丰富的。

2. 青冈栎

（主题："气象预报员"——青冈栎）

青冈栎又称"气象树"，因它的叶子会随天气的变化而变化。青冈栎对气候条件反应敏感，是因为叶中所含的叶绿素和花青素的比值变化形成的。在长期干旱之后，即将下雨之前，遇上强光闷热天，叶绿素合成受阻，使花青素在叶片中占优势，叶片逐渐变成红色。

人们根据平时对青冈树的观察，得出了经验：当树叶变红时，这个地区在一两天内会下大雨。雨过天晴，树叶又呈深绿色。农民就根据这个信息，预报气象，安排农活。

3. 甜槠

（主题：美味佳肴之甜槠）

甜槠又称园槠，壳斗科常绿大乔木，遍生于山地。甜槠的果实叫甜槠子，霜后坠地。《福建通志》说邵武、泰宁一带的习俗是"以其子为果品；磨之作冻，尤佳"。槠子生吃，味苦涩，只有炒食味才甘甜；而将其磨粉蒸糕，是饥年常见的救荒食品，也是极有特色的地方小吃。

4. 黄牛奶树

（主题："牛奶与面包"）

此牛奶非彼牛奶。这里的"牛奶"其实指的是我们将其树皮划破后，它流出的乳白色液汁。这液汁就像是挤出的牛奶一样，故名为黄牛奶树。

既然有牛奶树，那么，世上会不会有面包树呢？

面包树学名木菠萝，因果实呈橙黄色，外形像面包而得名。它的生长范围很广，在印度、斯里兰卡、巴西、非洲及中国的广东和台湾等省都有分布。面包树果实不仅可以吃，很好吃，而且营养价值还很高，是南太平洋一些岛屿上居民的木本粮食。

二、古钟潭区域

5.藤缠树现象

（主题：藤缠树的原因是什么？）

这其实跟藤本植物的特征有关。藤在英语中为 vine，来源于希腊语 oinos，意思是"葡萄酒"，后来引申为藤本植物。藤本植物因为其地上部分细长，不能直立生长，所以它们只能依附别的植物或支持物，缠绕或攀援向上生长，以节省能量，从而更有效地吸收阳光。

6.古钟潭

（主题：古钟潭的品味）

现在您面前所看到的这个水潭，形似一口大古钟，取名古钟潭。古钟潭潭水清澈见底，深浅不一，一潭之中还隔着几层绿。

此时此刻，您一定很想与这古钟潭里碧玉般的潭水来一次亲密的接触，您如果只是在潭口玩耍当然没问题，但是千万别让自己滑到钟里面去了，因为这古钟潭外面虽浅，里面却深得很呢。

7.山乌桕

（主题：蜡子树山乌桕）

山乌桕又叫蜡子树，这是因为它的种子可榨取"皮蜡"，大家猜猜看，这种皮蜡可以成为我们日常生活中哪些物品的制作原料呢？你们猜到了吗？对了，肥皂、蜡烛等。另外，将山乌桕的嫩叶煎成膏状物，用温水浸泡，可治疗鸡眼。

8.金毛狗

（主题：如何认识金毛狗？）

金毛狗为大型树状陆生蕨类，植株高 1—3 米，根状茎粗状肥大，直立或平卧在土层表面，末端上翘，露出地面部分密被金黄色长茸毛，状似伏地的金毛狗头，故称金毛狗。

金毛狗的金黄色茸毛，是良好的止血药，中药名为狗脊。伤口流血处，粘上茸毛，立刻就能止住流血。

9.荷木

（主题："森林防火员"——荷木）

森林最怕什么？对了，是火。如何在森林中建立起一道坚固而持久的防火墙呢？可以用树来筑起这道城墙吗？答案是肯定的。大家眼前的这棵树叫荷木，因为它生长较快，含水量大，所以形成了不易燃的特性。这一特性使得它成为防火林带中的主要树种，它能起到隔火、阻火的作用，以免森林被林火连片烧毁。

10.温州水竹

（主题：竹子为什么会节节高？）

一个是从生物学角度上说，因为每一节竹子的细胞都在不停地分裂和伸长，加上竹子没有形成层，不能长粗，所以竹子节节高总是趋势。

另一个是从力学角度上说，竹子的结构特点十分符合它在自然界中的受力需要。一方面特有的空心圆环形截面保证竹子受压的整体稳定性；另一方面，竹节的存在也保证了竹子的抗扭能力，避免竹子在长高的过程中发生扭转失稳。

11.高楼杨梅

（主题1：高楼佳品——杨梅）

高楼杨梅"颗大、色艳、汁多、味重"，且富有极高的营养价值。杨梅中含有的多种有机酸和维生素C，能增强毛细血管的通透性、降低血脂、阻止癌细胞在体内的生成。它所含的果酸既能开胃生津，消食解暑，又能对减肥有帮助。另外，它还有治疗痢疾腹痛、防癌抗癌的功效。

（主题2：品尝杨梅注意事项）

每次最好吃几颗杨梅呢？

答案是5颗，而且吃过杨梅后应及时漱口或刷牙，以免损坏牙齿。如果在吃的时候蘸一点食盐则更加鲜美可口。杨梅对胃黏膜有一定的刺激作用，因此溃疡患者要谨慎食用。杨梅性温热，牙痛、胃酸过多、上火的人也不要多吃。还有糖尿病人最好不要吃杨梅，以免使血糖过高。

三、龙井潭与飞龙潭区域

12.龙井潭

（主题：龙井潭的品味）

您现在看到的是"龙井潭"。龙井潭因潭深似井，飞龙在卧而得名。在"龙井潭"的右边立着一位巨人，正凝神注视着潭中的盈盈碧水。

13.飞龙潭

（主题：飞龙潭的寓意与双折瀑）

飞龙潭（又名三潭）潭深 11 米，一条瀑布犹如白色缎子从天而降，折成均等的两段，名曰双折瀑。

双折瀑上方出口处称龙门，从二潭看三潭，三潭就犹如一条巨龙横空出世，您能清晰地看见它的龙冠、龙嘴、龙须和龙脊。传说当年山下一条鲤鱼顺溪而上，在此跳龙门，跃过龙门即化仙龙，故名飞龙潭。

14. 花岩沟谷常绿阔叶林

（主题：沟谷常绿阔叶林）

花岩森林公园植被保存气好，以常绿次生阔叶林为主，保存着中亚热带多种优良珍贵树木资源。在海拔 400 米以下有保存较为完整的常绿阔叶林，也是中亚热带至南亚热带过度植物的典型代表。森林公园植被类型主要有黄山松林、杉木林、柳杉林、青冈林、甜槠、木荷林、栲树林、东南石栎、硬斗石栎林等。

四、铜镜潭区域

15. 铜镜潭

（主题：铜镜潭的品味）

铜镜潭因潭的形状酷似一面铜镜而得名。那么，潭究竟是怎么形成的呢？其实，潭是瀑布水流冲击岩石时所产生的圆形大洼地。当瀑布强劲的水流冲击其底部的脆弱岩石时，会产生巨大的水力作用和磨蚀作用，形成既深且大的水潭。

16. 碳足迹

（主题 1：碳足迹的概念）

碳足迹是指某个公司、家庭或个人的"碳耗用量"或"碳排放量"，是一种新的用来测量某个公司、家庭或个人因每日消耗能源而产生的二氧化碳排放对环境影响的指标。"碳"耗量越高，导致全球变暖的元凶"二氧化碳"就越多，"碳足迹"就大；反之，"碳足迹"就小。

（主题 2：计算我们身边的碳足迹）

那么我们身边的碳足迹又是怎样计算的呢？

例如：如果你乘飞机旅行 2000 公里，那么你就排放了 278 千克的二氧化碳，为此你需要植三棵树来抵消；如果你用了 100 度电，那么你就排放了 78.5 千克二氧化碳。为此，你需要植一棵树；如果你自驾车消耗了 100 公升汽油，那么你就排放了 270 千克二氧化碳，为此，需要植三棵树……

如果不以种树补偿，则可以根据国际一般碳汇价格水平，每排放一吨二氧化碳，补偿 10 美元钱。用这部分钱，可以请别人去种树。

17. 有毒植物的辨别

（主题：夹竹桃引申到辨别有毒植物）

森林实在是个美妙的世界，但绝非处处是美好的，有些植物甚至有剧毒，别说采摘来吃了，哪怕就是摸一下都有可能伤害到我们。下面为大家介绍六种常见的情况，遇到了，可要小心的避开才好。

第一，如果树汁接触皮肤或舌面时有干涩或辣烫的感觉，其中常含有草酸盐，应该避开这些植物。如夹竹桃：常绿灌木，开桃红色或白色花，分布广泛，其叶、花及树皮均有毒。

第二，不要采集任何带有乳白色奶状汁液和亮红色的植物，除非能确认它无毒（如蒲公英）。如毒毛旋花：亦称箭毒羊角拗，灌木，花为黄色，有紫色斑点，白色乳汁，全株有毒。

第三，别去采集分裂成五瓣形的浆果，除非确认它是安全的。如颠茄：多年生草本植物，叶子互生，一大一小，夏季开花，钟状，淡紫色，果实为浆果球形，成熟时为黑紫色，其叶和根有毒。

第四，最好不要采集茎叶上有着微小倒钩的野草或其他植物。如洋地黄：亦称紫花毛地黄，草本植物。全柱覆盖短毛，叶卵形，初夏开花，朝向一侧，其叶有毒。

第五，不要采集衰老或已枯萎的叶片。有些植物叶片在枯萎时会分解形成致命的氢氰酸，包括黑莓、樱桃、梅树和桃树等，但是它们的嫩叶、鲜果或干果都可以食用。

第六，不要采集成熟的羊齿类植物即叶片细裂如羊齿的蕨类植物。如羊齿类铁角蕨属的植物。

18. 花岗岩

（主题 1：岩石的性质）

岩石的性质，一般以含二氧化硅（SiO_2）成分的多少而定性。

酸性岩：二氧化硅的含量为 65—75％，硅铝矿物的数量大大超过铁镁矿物，长石以碱性长石为主，石英含量约占岩石的 1/4—1/3 的岩浆岩，为酸性岩。由于本类岩石中石英、长石可达 90％ 以上，故岩石颜色浅，色率低，比重小。

中性岩：二氧化硅含量为 52—65％，较基性岩含铁、镁量较少，含钾、钠、铝量较多的岩浆岩，称为中性岩。矿物成分中以中性长石和角闪石为主，石英很少，多呈灰色或浅绿灰色。

基性岩：二氧化硅的含量为45—52％，铁（FeO）和镁（MgO）含量较高的岩浆岩，称为基性岩。岩石呈灰黑色或深灰色，颜色一般较深，比重大。常见的基性岩有深成岩中的辉长岩，浅成岩中的辉长辉绿岩，喷出岩中的辉绿岩和玄武岩。

超基性岩：二氧化硅的含量低于45％，含镁和铁很多、色深、比重大的岩浆岩，称为超基性岩。岩石颜色深，色率大于75％，比重大，常呈块状构造。主要成分是橄榄石和辉石。代表的岩石有橄榄岩、纯橄榄岩和金伯利岩等。

（主题2：花岗岩的形成、名字来源及特性）

花岗岩是一种岩浆在地表以下凝却形成的火成岩，主要成分是长石和石英，根据以上岩石性质的划分，其属于酸性岩。花岗岩（Granite）的语源是拉丁文的granum，意思是谷粒或颗粒。因为花岗岩是深成岩，常能形成发育良好、肉眼可辨的矿物颗粒，因而得名。而汉字名词花岗岩则是由日本人翻译而来。幕末、明治初期的辞典与地质学书籍将Granite翻译作花岗岩或花刚岩。花形容这种岩石有美丽的斑纹，刚或岗则表示这种岩石很坚硬，也就是有着花般斑纹的刚硬岩石的意思。中国学者则沿用此译名。

花岗岩质地坚硬致密、强度高、抗风化、耐腐蚀、耐磨损、吸水性低，其得天独厚的物理特性加上它美丽的花纹使他成为建筑上的好材料，素有"岩石之王"之称。

"自古名山多聚泉"，水是花岗岩山地的重要旅游景观。花岗岩一般含有极少量的放射性元素。因此，从花岗岩中流出的水一般均含有少量的对人体有益的放射性氡，这些水可饮可浴，不仅是重要的旅游资源，也是宝贵的水资源。

五、玉瓶潭区域

19. 生长在石头上的树

（主题1：树为什么能生长在石头上？）

不知道大家注意到这里的树了吗？这里的树是生长在石头上的。大家可能会问：一棵大树怎么能生长在石头上，它靠什么生存呢？其实这要归功于它的根，它强有力的根，能伸向石缝深处，寻找水分、汲取营养。

（主题2：树的根会长多长呢？）

俗话说："树有多高，根有多深"。其实，这个说法是保守的。一般农林作物的地下部分要比地上部分高出5~10倍！世界上最长的根是生长于南非奥里斯达德附近的一株无花果树，估计它的根深120米。要是把它高挂在空中的话，它就敢和40层的大楼一争高低了。

20. 玉瓶潭

（主题1：玉瓶潭的欣赏）

您现在已经到达玉瓶潭了，您看，它是不是很像一只玉制的花瓶呢？这里的潭水是五颜六色的，为什么呢？

（主题2：玉瓶潭水的颜色）

那是因为潭水的颜色取决于潭水对光线的选择性吸收和选择性散射。玉瓶潭的潭水中含有较多的悬浮物质、离子含量、和浮游生物等，这些都是影响水色的因素。加之，潭水的深浅不一，所以造成同一潭中，出现蓝绿两种颜色。

除此之外，水色也有日变和年变的特点，早晚与日间水色略有不同；春、夏季水色受径流携带泥沙影响而较低，秋、冬季则较高。所以，我们会看见五颜六色的潭水。

因此，我们在湖面上观察水色时，应使视线与湖面垂直。否则，观察到的就是天空反射的散射光和湖水深处折射的散射光的叠合。

六、洗心潭和琵琶潭区域

21. 森林浴

（主题1：森林的好处）

森林中杉树、柏树等树的香味有降低血压、稳定情绪、松驰精神的作用。在森林中散步时，血压和抑郁荷尔蒙的含量都会降低，另外森林中的鸟鸣会让人心情平静，有助于缓解失眠症状。这就是为什么现今如此流行"森林浴"的原因。

（主题2：如何进行森林浴）

第一，最好选择一大片森林，因为森林越开阔，空气的质量就越高；

第二，步行2千米后尽量快步行走，速度要以能边走边与人正常交谈为宜，直到身体微微出汗，毛细孔扩张；

第三，在森林中多做深呼吸；

第四，做体操、闭目养神、腹式呼吸、仰天长啸、手抓树干推拉运动等活动，尽量将体内的废气排出；

第五，衣服穿着以吸汗、透气的材质为宜，穿得太少容易感冒。

森林浴具有的保健作用不容我们忽视，但同时专家指出，如果已经患病，当然就要去医院治疗，"森林浴"只是在预防疾病或者在康复阶段进行的活动。好了，大家已经跃跃欲试了吧，那就行动起来吧。

22. 马尾松

（主题：森林活宝——马尾松）

马尾松全身是宝：树干富含油脂，是生产松脂的主要树种；木材耐腐，可供建筑、水下工程、家具、造纸等用；枝干可供培养茯苓、松蕈等真菌；花粉可入药，供婴儿褟褓中防湿疹保护皮肤用。

23. 洗心潭

（主题：洗心与水清澈）

潭成一个心形，据说，潭中的水能消除人身体上和心灵上的烦恼和忧愁，故名为"洗心潭"。大家看，这里的水多清澈啊！

据卫生防疫部门检测，花岩的水质符合国家《地面水环境质量一级标准》，水中含有人体所需 9 种矿物质，含沙量也仅 0.01 克 / 吨。

花岩的水如此清澈主要是归因于花岩国家森林公园内良好的森林植被，茂密的树木枝条，特殊的土壤，丰富的水中藻类和微生物的共同作用。它是人们夏季避暑、纳凉、休闲、洗澡的好地方。

24. 琵琶潭

（主题：琵琶潭欣赏）

琵琶潭因潭形似琵琶而得名。这里的潭水很深，我们能够看到它的底，却看不透这水。在阳光的照射下，它还透着几个层次。

七、溅玉潭区域

25. 千年古藤

（主题：千年寿星——云实）

这里可躺着一个老寿星呢！它叫云实。云实幼枝密被棕色短柔毛，老即脱落，刺多倒钩状，淡棕红色。植物的生长分为纵向生长和横向生长，茎顶端分生组织引起植物长高，而形成层细胞分裂引起植物长粗。一般来说，云实的形成层生长不活跃，所以横向生长很慢。大家现在看到的这棵云实，可是云实中的元老了。

26. 花岩镇山之宝

（主题·花岩石的形成）

大家看到这片花岩石了没？是不是有点明白为什么这里会叫"花岩"国家森林公园了呢？鳞片状的地衣覆盖在石块上，就像为它穿上了花色的外衣。

地衣是真菌和藻类共生的一类特殊植物。无根、茎、叶的分化，能生活在各种环境中，被称为"植物界的拓荒先锋"。地衣对土壤的形成具有一定的贡献，其分泌的多种地衣酸可腐蚀岩面，使岩石表面逐渐龟裂和破碎，加之自然的风化作用，逐渐在岩石表面形成土壤层，为其他高等植物的生长创造条件。

27. 溅玉潭

（主题1：溅玉潭的欣赏）

现在出现在您眼前的是"溅玉潭"。这个潭的特点在于：左边的一半潭水比较浅，最深处估计也不会超过1米；右边的一半潭水则比较深，平均约4到5米。潭旁有一瀑布名曰"珠帘瀑布"，因坡缓，瀑布在流经岩壁时，像一串串珍珠帘布，而得名。

（主题2：溪流中的鱼来自哪里？）

很多高山湖泊和火山口里面都有鱼。长期以来人们始终不明白它们是从哪里来的，所以民间就有"千年草籽万年鱼"的说法。意思是一千年前的草籽还会发芽，一万年前的鱼籽还会孵出小鱼来。

其实，世界最初全部是海洋，后来地壳变动，有部分隆起才成了陆地山峰，所以高山最初就是海底，隆起后才形成高山，隆起过程中自然会有鱼或鱼卵随之被带到山顶，条件合适，鱼卵孵化出了鱼。还有可能是后天鱼类溯流而上产籽的习性或是鸟等别的动物吃了受精的鱼蛋，将鱼种带到了这里，使得高山上也有鱼类的活动。

八、九龙潭区域

28. 猴欢喜

（主题：为什么叫猴欢喜？）

猴欢喜属杜英科，猴欢喜属。因其果外被细长刺毛，熟时红色，猴儿喜食，而得名。猴欢喜树冠浓绿，果实色艳形美，宜作庭园观赏树。

29. 猕猴

（主题：花岩猕猴趣味知识）

花岩公园的猕猴是温州市最大的野生猕猴群，数量多达两三百只。

猴子们在闲暇时，总喜欢给对方抓痒，然后冷不丁地将什么东西放进嘴里，吃得津津有味。大家知道它们在吃什么吗？可能大多数人会毫不犹豫地说，它们是在捉对方身上的"虱子"吃。事实并不是这样的，它们所吃的"虱子"其实是它们同伴身上的盐粒。

因为猴子平常所摄取的食物含盐量少，所以就只能从对方的身上拾取盐粒吃，以此补充身体所需盐分。可能大家会有疑问，猴子身上又哪来的盐粒呢？道理很简单，猴子排泄出来的汗液里就含有盐分，汗水挥发后，这些盐分便会同皮肤和毛根上的污垢结合成盐粒。

30. 九龙潭

（主题1：九龙潭的来历与数九龙）

九龙潭又名九潭，因"九"具有"圆满、极致、最高级别"的意思，加之，据说潭下方的池中藏有九条巨龙石，而得名。所以，下方的池水，也美其名曰"龙吟池"。大家快来数一数，看看您能数出几条龙？

（主题2：溪流岩石的形成）

它的形成过程主要可以分为三个阶段，第一阶段是岩石形成阶段。从地表喷出的岩浆，经快速冷却形成花岗岩；第二阶段是岩石的风化、崩塌阶段。花岗岩经风化、崩塌，产生体积较小的石块；第三阶段是岩石在河流中被河水搬运和磨圆阶段。散落的石块长期在水的缓慢冲刷和自身的相互滚动碰撞下形成千奇百怪、形态不一的形状，如我们现在所看到的龙头像。

九、天外飞瀑区域

31. 画眉

（主题：森林歌唱家——画眉）

画眉是一种羽毛高雅，个头适中，外形美观，具有美妙歌喉，能鸣善斗的鸟类。因它的眼圈为白色，眼边各有一条白眉，匀称地由前向后延伸，并多呈蛾眉状，十分好看，而得此名。

32. 樟树

（主题：樟树介绍）

樟树属樟科，常绿乔木，具有强心解热、杀虫之效。同时，樟树所散发出的松油二环烃、樟脑烯等化学物质，有净化空气、抗癌等功效，所以，科学研究证明，长期生活在有樟树的环境中会避免患上很多疑难病症。

33. 天外飞瀑

（主题：天外飞瀑与空气负氧离子形成）

首先，请大家先闭上眼睛三秒钟，让我们一起来做深呼吸！怎么样？是不是感到神清气爽呢？那是因为天外飞瀑是公园内落差最大的瀑布，垂直落差约 40 米，因此，它是全景区内空气负离子含量最高的地方。

负氧离子又称为空气维生素，长寿素，对人体健康非常有益，它能促进新陈代谢，对过敏性鼻炎、支气管炎、哮喘、高血压、肺气肿等疾病能起到缓解或治疗的作用。当空气负离子浓度小于 50 个 /cm³ 时会诱发生理障碍，大于 100000 个 /cm³ 时就具有自然痊愈力了，而我们这里的含量是可以杀菌并减少疾病感染概率的。所以，您在这多呼吸几次说不定比吃药还管用呢！大家就赶快尽情地享受天外飞瀑为您慷慨献出的氧气大餐吧，尽量的放松心情，感受自然山水的美丽。

一般情况下，空气负离子有三种来源，一种是瀑布水流在空气中摩擦产生；二是裸露的岩石与空气摩擦产生；三是植物的光合作用产生。天外飞瀑这里水流大，岩石多，树木茂密，占尽了空气负离子形成的各项条件，可谓"天时地利人和"，所以负氧离子含量高也就不足为奇了。

十、花岩寺区域

34. 花岩寺简介

（主题：花岩寺的历史）

花岩禅寺初建于清康熙年间，文革期间被毁，1993 年重建，该寺雄伟壮观，佛像庄严肃穆，有观音施净水、龙涎溢圣泉，院中植乾坤偶柏，堂上置玉鼓金钟，由以松莲佛座和万劫琥珀宝鉴为世上绝奇之珍。寺内景色其美，正如该寺天王殿楹联所述：绿树成荫迭迭花岩藏佛寺，碧潭飞瀑潺潺溪水伴钟声。

35. 枫香

（主题：红枫）

大家注意看，我旁边这株树是三角枫还是五角枫呢？是的，这是三角枫，因为叶片三裂而得名，又叫枫香，以其红叶著称，是红叶木的一种。而五角枫是红叶木的另外一种，又叫白槭木。赏枫要看天气，也需要经验加点运气。当气候由暖变冷，枫、槭等变叶木便开始转红了。根据经验，每年的深秋就是赏枫的最佳时节，到时大家可以来看万山红遍，层林尽染的秀美景色了。

36. 乌梢蛇

（主题1：乌梢蛇介绍）

乌梢蛇背面颜色由绿褐、棕褐过渡到黑褐，也可分为黄乌梢、青乌梢和黑乌梢，李时珍《本草纲目》对其食用和药用价值作过详尽的说明。在当时社会，乌梢蛇以其独有的食、药、保健疗效，再一次被人们认识。传统药中的乌蛇即为本蛇的干品，皮可独立炮制"乌蛇酒"或"乌蛇胆酒"，深受中外消费者的欢迎。

（主题2：如何区分有毒与无毒蛇）

首先，最根本区别是毒蛇有一对长而尖细的毒牙，牙痕为单排，较大或较深；无毒蛇的牙痕则为双排。

其次，从蛇的外形来看，通常毒蛇的头大颈细、呈三角形，尾短而突然变细，体表花纹比较鲜艳；大多数的无毒蛇头比较大，呈椭圆形，尾相对较长，体表花纹多不明显。

欢送词

各位游客，现在呢，花岩森林公园的游览全部结束了，很高兴和大家一起游览，不知道大家对这次的森林之旅是否满意，希望此次的参观能给您留下一段美好的回忆，也很希望大家有机会能再次来我们花岩森林公园旅游度假。

参 考 文 献

［1］Beckmann, E. A. 'Be Dingo–Smart!'– managing visitors to manage dingoes［C］. Interpretation Australia Conference Proceedings, 14–27, 2001.

［2］Bill Bramwell & Bernard Lane. Interpretation and Sustainable Tourism：The Potential and the Pitfalls. the Journal of Sustainable Tourism［J］. Volume 1, No. 2, 1993.

［3］Gross, Michael and R.Zimmerman. Signs, Trails, and Wayside Exhibits: Connecting People and Places［M］. College of Natural Resources, University of Wisconsin–Stevens Point, 1992.

［4］Mark B. Orams. Using Interpretation to Manage Nature–based Tourism［J］. Journal of Sustainable Tourism.1994.

［5］National Park Service. Interpretation for archeologists: a guide to increasing knowledge, skills and abilities［R］.National Park Service, Washington, D.C, 2001.

［6］Sharp, G. W. Selecting the Interpretive Media［M］. In G.W. Sharp（Ed.）, Interpreting the Environment（2nd ed.,pp.100~122）. New York: John Wiley and Sons, Inc. 1982.

［7］Tilden, F. Interpreting our heritage［M］. Chapel Hill, NC: University of North Carolina Press. 1957.

［8］Veverka, J.A.Interpretive Master Planning［M］. Acorn Naturalists, Tustin, CA, 1994.

［9］蔡登谷 . 森林文化与生态文明［M］.北京：中国林业出版社，2011.

［10］罗芬，钟永德，付红军 . SMRM 模式在环境解说中的应用初探［J］.桂林旅游高等专科学校学报，2005，10：38–41.

［11］摩尔，德莱维尔著，李健译 . 户外游憩——自然资源游憩机会的供给与管理［M］.天津：南开大学出版社，2012.

［12］王鑫 . 景观保护与欣赏教育之研究 . 台湾行政院国家科学委员会专题研究计划成果报告［R］.1990.

［13］吴庆刚．森林文化的基本特征及研究现状［J］．生态文化，2007，（1）：
　　　25-26.

［14］吴忠宏．环境解说，在北京大学的演讲，1997年．转引自：吴必虎，等．旅
　　　游解说系统的规划与管理［J］．旅游学刊，1999，（1）：44-46.

［15］约翰．A.维佛卡．著，郭毓洁，吴必虎，于萍．译．旅游解说总体规划［M］．
　　　北京：中国旅游出版社，2008.

［16］钟永德，罗芬．旅游解说规划［M］．北京：中国林业出版社，2008.

第二篇　森林公园生态文化
解说设计示例

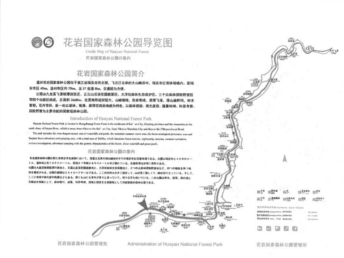

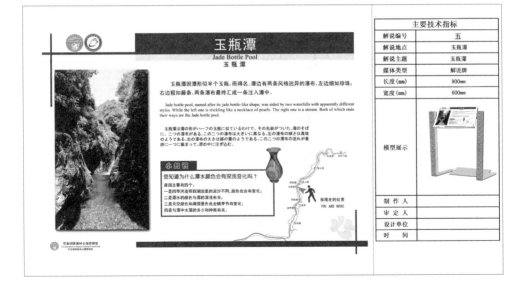

主要技术指标	
解说编号	八
解说地点	桩29
解说主题	天外飞瀑
媒体类型	解说牌
长度（mm）	900mm
宽度（mm）	600mm
模型展示	
制作人	
审定人	
设计单位	
时间	

主要技术指标	
解说编号	4
解说地点	桩2
解说主题	欢迎您步入杉林幽径
媒体类型	解说牌
长度（mm）	810mm
宽度（mm）	470mm
模型展示	
制作人	
审定人	
设计单位	
时间	

如何区分有毒蛇和无毒蛇
How to distinguish between poisonous and non-poisonous
毒蛇と無毒蛇を区分する方法

有毒蛇与无毒蛇的区别

	毒蛇	无毒蛇
头部	一般呈三角形	一般呈椭圆形
毒牙	有可毒牙及前毒牙 牙长而大	无毒牙 牙齿细密为齿状
体型	粗而短或不均匀	一般细长、体型匀称
斑纹色泽	多为鲜艳绝色或特殊斑纹	多鲜不鲜艳
从肛门到尾部	突然变细、尾下鳞双行或部分单行/双行	逐渐变小 尾下鳞单行
尾巴	短而粗或呈侧扁形	长而尖细
动态	体静时身体盘踞 爬行时动作迟缓	蛇行时动作敏捷 警惕性高
性情	性情凶猛，见人不逃 或攻击或呼呼作响	胆小怕人 受惊迅速逃窜
咬伤后牙痕特征		

如何快速区分有毒蛇和无毒蛇？

首先，最根本区别：毒蛇有一对长而尖细的毒牙，牙痕为单排，较大或较深；无毒蛇的牙痕则为双排。

其次，从蛇的外形来看，通常毒蛇的头大颈细，呈三角形，尾短而突然变细，体表花纹比较鲜艳；大多数的无毒蛇头比较大，呈椭圆形，尾相对较长，体表花纹多不明显。

How to distinguish between benomous and non-poisonous snakes?

Firstly, the most fundamental distinction is that venomous snakes have a pair of long and taper fangs, and large or deep teeth marks for single-row, compared with double-row teeth marks of non-poisonous snakes.

Secondly, usually from the shape of the snake, the venomous snake has a big triangular head and a thin neck, short and thin tail, and more vibrant surface. But the non-poisonous snake has a big oval head, long tail and non-vibrant surface.

速やかに毒蛇と無毒蛇を区分する方法

そして、蛇の外貌から見れば、通常の場合では毒蛇の頭が大きくて三角形のような形で、首は細く、尾は短くていきなり細くなり、肌体の色彩はとても鮮やかである；多くの無毒蛇の頭は大きくて楕円形のような形で、尾は毒蛇のより長く、肌体の彩紋は目立たない。

まず、毒蛇は上側にある2本の毒牙の根もとに毒腺がある。毒蛇の歯型は一列で、大きくて深い、無毒蛇の歯型は二列である。これは毒蛇と無毒蛇の根本的な区別である。

如何通过鱼鳞来识别鱼龄？
How to identify fish age by the scales?

将一片鱼鳞置于显微镜或放大镜下观察，就会见到鳞片表面有黑白相间的环状条纹，颇像树木横断面上的年轮。这时，只有仔细地数出鳞片上黑色环状条纹的圈数，再另外加上1，那就是鱼的实际年龄。

Observing under the microscope or magnifying glass, you will see black and white stripes ring in the scaly surface. It looks like tree rings on a cross-section. At this time, only need to count out carefully how many laps the black stripes have, and plus one, and get the actual age of the fish.

小思考
聪明的你能发现鱼鳞与树的"年轮"有什么相通之处吗？

主要技术指标	
解说编号	25
解说地点	休闲滩
解说主题	如何通过鱼鳞识别鱼龄？
媒体类型	解说牌
长度(mm)	545mm
宽度(mm)	385mm
模型展示	
制作人	
审定人	
设计单位	
时间	

健康之木——香樟
Health Tree : Camphor Tree

香樟（Cinnamomum camphora (Linn.) Presl）
樟科，常绿乔木，与楠、梓、桐合称为江南四大名木。
樟树具有强心解热、杀虫之效。同时，樟树所散发出的
松油二环烃、樟脑烯等化学物质，有净化空气、抗癌等
功效。经科学研究证明，长期生活在有樟树的环境中会
避免患上很多疑难病症。

Camphor Tree (Cinnamomum camphora (Linn.) Presl), Laura-
ceae, evergreen trees, is known as one of four famous trees in
the East of China. The others are Koonung, Catalpa
ovata and the Dove Tree. It is cardiotonic, antifebrile
and insecticidal. Meanwhile, the tree smells Pinene,
camphor-ene and other chemicals to clean air and anti-
cancer. It's scientifically verified that people long-term
living around Camphor trees in the long term avoid suf-
fering a number of illnesses.

🦋 **知识小贴士**

◆ 夏天户外活动时，您可摘取樟树的叶片，揉
碎后涂抹在手脚表面上，有防蚊的功效。

◆ 樟树名字的由来，据说因为樟树木材上有许
多纹路，像是大有文章的意思。所以就在"章"
字旁加一个木字做为树名。

◆ 其实樟树会落叶，只是它要等到春天新叶长
成后，才脱落去年的老叶，所以我们看它一年四
季都是绿意盎然。

距离产生美、谢绝亲密接触

主要技术指标	
解说编号	41
解说地点	香樟树
解说主题	健康之木——香樟
媒体类型	解说牌
长度(mm)	810mm
宽度(mm)	470mm
模型展示	
制作人	
审定人	
设计单位	
时间	

鸟类歌唱家——画眉
Bird Singer : Thush

画眉鸟，俗名虎鸫(hǔ dōng)、金画眉，栖息在山野之中，喜欢在晨昏时于
枝头上鸣唱，叫声明亮悦耳，为鸣鸟中之佼佼者，素有"鹛类之王"美称，但常被
捕捉饲养而成为笼鸟。

Thrush, commonly called tiger thrush or golden thrush, inhabits in the mountains and sings
among the branches at twilight. They are honored as "King of the babbler " with loud and
pleasant sound in the bird world. But they are often caught to feed in a cage.

如何在野外识别地呢?
画眉体长约24厘米，上体橄榄褐色，头和上背具褐色轴纹，眼圈白，眼上
方有清晰的的白色眉纹。下体棕黄色，腹中央灰色。

您知道画眉鸟叫声的含义吗

■ 喳、喳...：危险！大家快藏起来
■ 啾、啾...：我害怕
■ 谷、谷、谷...：尾巴上下摆动，我想要个女孩
■ 谷、谷、谷...并在原地打圈，这地方是我的，当心我咬你哦
■ 鸣、鸣...并张开翅膀，我要打架
■ 料、料、料、料、料...密切、示预

珍爱鸟类，为我们的生活增添美妙的声音！

主要技术指标	
解说编号	36
解说地点	画眉谷
解说主题	鸟类歌唱家—画眉
媒体类型	解说牌
长度(mm)	810mm
宽度(mm)	470mm
模型展示	
制作人	
审定人	
设计单位	
时间	

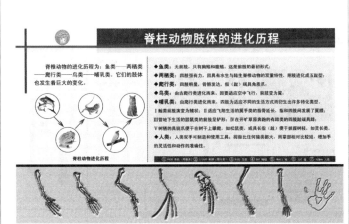

主要技术指标	
解说编号	46
解说地点	休闲滩附近
解说主题	脊柱动物肢体的进化历程
媒体类型	解说牌
长度(mm)	810mm
宽度(mm)	470mm
模型展示	
制作人	
审定人	
设计单位	
时间	

主要技术指标	
解说编号	19
解说地点	龙脊栈道
解说主题	植物根劈
媒体类型	解说牌
长度(mm)	810mm
宽度(mm)	470mm
模型展示	
制作人	
审定人	
设计单位	
时间	

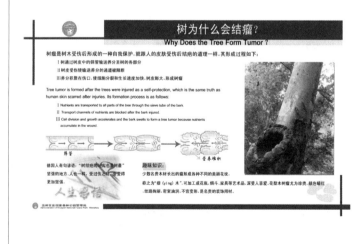

主要技术指标	
解说编号	11
解说地点	古榕潭边
解说主题	植物"绞杀"和"藤缠树"的区别
媒体类型	解说牌
长度(mm)	545mm
宽度(mm)	385mm
模型展示	
制作人	
审定人	
设计单位	
时间	

植物"绞杀"和"藤缠树"的区别
Difference Between Plant Strangulation and Trees Entwisted by Rattans

"绞杀"和"藤缠树"都是热带雨林地区的一种自然现象,"绞杀"和"藤缠树"的区别在于,"绞杀"是一种植物寄生于另一种植物上,最终将另一种植物绞死的现象,"藤缠树"是一种植物攀附于另一种植物上而生存的现象。

"Plant strangulation" and "trees entwisted by rattans" are natural phenomenon in the tropical rain forest. The distinction between them is that the former characterizes that a sort of plant parasites on other plants which are entangled to death in the end, and the latter indicates that one plant lives upon the other plant.

绞杀　　现在您知道"绞杀"和"藤缠树"的不同了吗　　藤缠树

温州花岩国家森林公园管理处
Administration of Huayan National Forest Park Wenzhou

主要技术指标	
解说编号	9
解说地点	花岩寺与铜镜潭之间
解说主题	树木笔直高大的秘密
媒体类型	解说牌
长度(mm)	545mm
宽度(mm)	385mm
模型展示	
制作人	
审定人	
设计单位	
时间	

森林树木笔直高大的奥秘
The Mysteries of Straight and Tall Forest Trees

森林里的树木为什么都长得笔直高大?

这是为了争夺阳光,以求更大生存空间,每一棵树都拼命向上生长的缘故。却不因为树木众多而彼此倾轧,反而形成相互竞争的良好势头,结果每一棵树都高大笔直,成材率极高。这就是奇妙的森林效应。

Why do forest trees grow straight and tall? Trees go all out for the sake of upward growth because they fight for the sunlight to get more living space. Instead of conflicting with each other, trees form a good momentum to compete. As a result, trees grow tall and straight and have a good yield. This is the so-called wonderful forest effect.

我们在人生成长过程中为什么不利用这种效应呢?

森林效应启示

个人的成长是在集体中通过与人交往、与人竞争而成长的,集体的要求、活动、评价和成员素质等都对个人成长具有举足轻重的作用。良好的集体往往造就心智健康的人,不良的集体往往造就心智不健康的人。

温州花岩国家森林公园管理处
Administration of Huayan National Forest Park Wenzhou

树干为什么是圆的？
Why the Trunk Is Round ?

你注意过吗，所有树木的树干都是圆的，这是为什么呢？

1、周长相同时，圆形在所有几何形状中具有最大的面积。因此，圆形树干、树枝中导管和筛管的分布数量要比其他形状的多，其输送水分和养料的能力就强，更加有利于树木的生长。

2、圆柱形的体积也比其他柱形的体积大，具有更大的支撑力，当枝上挂满果实时，能强有力地支撑着树冠，使其不至于弯曲。

3、圆柱形树干能有效地减少外来的伤害，如病、虫危害，方向不定的狂风。

由此可见圆形树干树枝的好处很多，这也正是植物适者生存的需要。

想想看：现实生活中哪些事物利用了植物的这些特性？

温州花岩国家森林公园管理处
Administration of Huayan National Forest Park, Wenzhou

主要技术指标	
解说编号	24
解说地点	桩19
解说主题	树干为什么是圆的？
媒体类型	解说牌
长度(mm)	545mm
宽度(mm)	385mm
模型展示	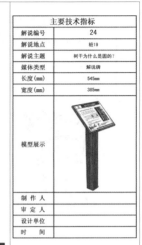
制作人	
审定人	
设计单位	
时间	

为何树怕剥皮，不怕空心？
Why is the Tree Afraid of Bark-cutting, not Being Hollow?

树皮除能够防寒防暑防止病虫害外，主要作用是运送养料。

在树皮里有一层韧皮部组织，里面有许多细小的筛管，叶通过光合作用制造出来的养料就是通过该树皮管道运送到树的各个组织，如果韧皮部受到破坏，根因得不到营养而"饿死"，也将导致树的死亡。

相反，有一些空心树，由于韧皮部没有遭受到严重破坏，即使是空心的，也依然能够存活。

Bark plays in important role in transporting nutrients from the root to leaves, in addition to preventing pests, cold or heatstroke.

Nutrients produced by leaf photosynthesis are transported through the small sieve tubes of the plant phloem layer, to all organizations of the tree. Because of the damage of phloem, the root will be dead due to lack of nutrition, which gradually led to the death of the tree.

On the contrary, some hollow trees could still survive although there is no phloem seriously damaged.

请您爱护身边的树木！

不怕剥皮的树

按皮桥，它的皮下有称为"桥内皮"，在剥皮时要注意留下有生命的按皮"形成层"，只要它不受损伤，仍可以照常输送水分和营养，按皮桥树照样能健康成长。

温州花岩国家森林公园管理处
Administration of Huayan National Forest Park, Wenzhou

主要技术指标	
解说编号	42
解说地点	木荷树旁
解说主题	为何树怕剥皮，不怕空心？
媒体类型	解说牌
长度(mm)	545mm
宽度(mm)	385mm
模型展示	
制作人	
审定人	
设计单位	
时间	

主要技术指标	
解说编号	35
解说地点	路边高处
解说主题	看云识大气
媒体类型	解说牌
长度(mm)	810mm
宽度(mm)	470mm
模型展示	
制 作 人	
审 定 人	
设计单位	
时 间	

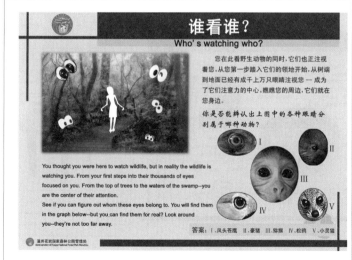

主要技术指标	
解说编号	23
解说地点	桩19
解说主题	谁看谁?
媒体类型	解说牌
长度(mm)	545mm
宽度(mm)	385mm
模型展示	
制 作 人	
审 定 人	
设计单位	
时 间	

主要技术指标	
解说编号	34
解说地点	桩26
解说主题	猴喜欢猴欢喜
媒体类型	解说牌
长度(mm)	545mm
宽度(mm)	385mm
模型展示	
制作人	
审定人	
设计单位	
时间	

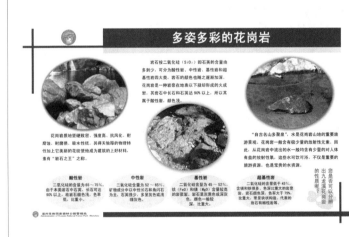

主要技术指标	
解说编号	22
解说地点	桩14
解说主题	多姿多彩的花岗岩
媒体类型	解说牌
长度(mm)	810mm
宽度(mm)	470mm
模型展示	
制作人	
审定人	
设计单位	
时间	

岩石上的化斑是怎样形成的？
How does Flower form on the rock?

"看到石块上的我了吗？能猜出我是谁吗？"
"Can you see me? Do you know who I?"

呵呵,我可是当之无愧的"植物拓荒者"——先锋植物"啊!
So I am honored of the pioneer in the plant kingdom.

"你可别小看我,我的作用可大了!"
"Oh, please Do not look down upon me!"

我是一种鳞片状地衣,形小,似叶片,与基物(一般指有机体)附着较松,可与基质(一般指岩石颗粒)剥离。
I am a small scale-shaped moss like a blade, it slightly adheres to the object, but can be easily removed from the stone.

我对土壤的形成有一定的贡献哦!我分泌的多种地衣酸可腐蚀岩面,使岩石表面逐渐龟裂和破碎,加之自然的风化作用,逐渐在岩石表面形成土壤层,为其他高等植物的生长创造了条件。
Actually, I play an important part in soil formation. The surface of rocks can be corrupted, chapped and broken by kinds of lichen acids which I ooze, and gradually become soil with natural weathering to provide other high-level plants with the habitat.

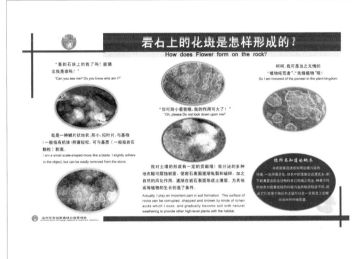

温州花岩国家森林公园管理处
Administration of Huayan National Forest Park, Wenzhou

主要技术指标	
解说编号	30
解说地点	租25
解说主题	岩石上的花斑是怎样形成的?
媒体类型	解说牌
长度(mm)	810mm
宽度(mm)	470mm
模型展示	
制作人	
审定人	
设计单位	
时间	

孔雀瀑
Peacock Fall

您发现这只美丽的孔雀了吗
Do you find this beautiful peacock?

孔雀在穿着艳丽服装的游客面前开屏,是"比美"吗?
其实,这并不是为了"比美",而是游客的大声喧哗,引起它们的警戒。它是一种示威、防御的反应动作。
Is the purpose of the peacock spreading its tail to show off in front of the tourist who dresses in color?
In fact, it's not their reason, but because they are alert to the noise from tourists. So it is a defensive response to demonstrate and defend.

孔雀为什么要开屏呢
孔雀开屏是雄孔雀求偶的表现。最盛期是在每年3月-4月。这时是孔雀繁育的季节。
Why does male peacock spread his gorgeous tail?
Peacock is the male peacock courtship performance. The most mature phase in the months each year is from March to April. And this time is the peacock breeding season.

你晓得了孔雀开屏的目的吗?
Do you understand the meaning of peacock speeding the gorgeoustail?

温州花岩国家森林公园管理处
Administration of Huayan National Forest Park, Wenzhou

主要技术指标	
解说编号	8
解说地点	金猴亭
解说主题	孔雀瀑
媒体类型	解说牌
长度(mm)	545mm
宽度(mm)	385mm
模型展示	
制作人	
审定人	
设计单位	
时间	

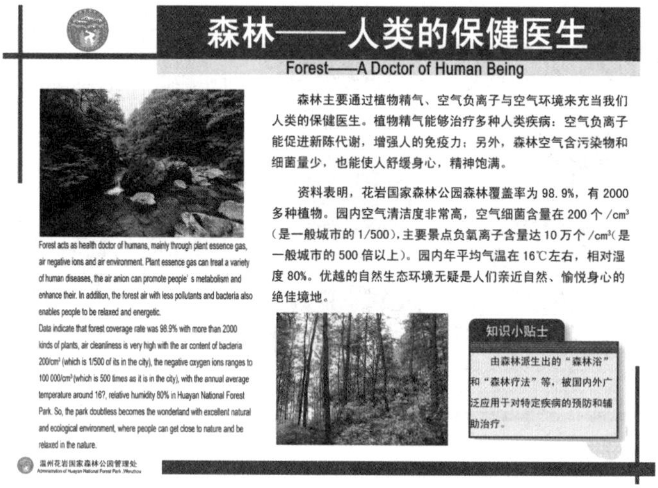

森林——人类的保健医生
Forest——A Doctor of Human Being

森林主要通过植物精气、空气负离子与空气环境来充当我们人类的保健医生。植物精气能够治疗多种人类疾病；空气负离子能促进新陈代谢，增强人的免疫力；另外，森林空气含污染物和细菌量少，也能使人舒缓身心，精神饱满。

资料表明，花岩国家森林公园森林覆盖率为98.9%，有2000多种植物。园内空气清洁度非常高，空气细菌含量在200个/cm³（是一般城市的1/500），主要景点负氧离子含量达10万个/cm³（是一般城市的500倍以上）。园内年平均气温在16℃左右，相对湿度80%。优越的自然生态环境无疑是人们亲近自然、愉悦身心的绝佳境地。

Forest acts as health doctor of humans, mainly through plant essence gas, air negative ions and air environment. Plant essence gas can treat a variety of human diseases, the air anion can promote people's metabolism and enhance their. In addition, the forest air with less pollutants and bacteria also enables people to be relaxed and energetic.

Data indicate that forest coverage rate was 98.9% with more than 2000 kinds of plants, air cleanliness is very high with the air content of bacteria 200/cm³ (which is 1/500 of its in the city), the negative oxygen ions ranges to 100 000/cm³ (which is 500 times as it is in the city), with the annual average temperature around 16℃, relative humidity 80% in Huayan National Forest Park. So, the park doubtless becomes the wonderland with excellent natural and ecological environment, where people can get close to nature and be relaxed in the nature.

知识小贴士

由森林派生出的"森林浴"和"森林疗法"等，被国内外广泛应用于对特定疾病的预防和辅助治疗。

温州花岩国家森林公园管理处
Administration of Huayan National Forest Park（Wenzhou

主要技术指标	
解说编号	10
解说地点	桩4
解说主题	森林—人类的保健医生
媒体类型	解说牌
长度(mm)	545mm
宽度(mm)	385mm
模型展示	
制作人	
审定人	
设计单位	
时间	

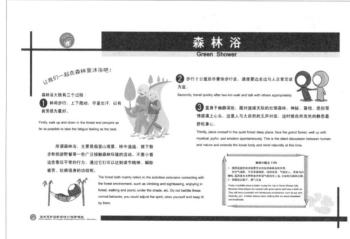

森林浴
Green Shower

让我们一起在森林里沐浴吧！

森林浴大致有三个过程：

① 林间步行，上下蹦动，尽量出汗，以有疲劳感为最好。

Firstly, walk up and down in the forest and perspire as far as possible to take the fatigue feeling as the best.

② 步行2公里后尽量快步行走，速度要边走边与人正常交流为宜。

Secondly, travel quickly after two-km walk and talk with others appropriately.

③ 直身于幽静深处，面对连接天际的壮丽森林，神秘、喜悦、悲伤等情感涌上心头，这是人与大自然的无声对话，这时候自然而然的静�舒松身心。

Thirdly, place oneself in the quiet forest deep place, face the grand forest, well up with mystical, joyful, sad emotion spontaneously. This is the silent discussion between human and nature and extends the loose body and mind naturally at this time.

所谓森林浴，主要是指登山观景、林中通温、荫下散步和郊游野餐等一些广泛接触森林环境的活动。不要小看这些看似平常的行为，通过它们可以达到调节精神、解除疲劳、抗病强身的功效呢。

The forest bath mainly refers to the activities extensive contacting with the forest environment, such as climbing and sightseeing, enjoying in forest, walking and picnic under the shade, etc. Do not belittle these normal behavior, you could adjust the spirit, relax yourself and keep fit by them.

知识小贴士 TIPS

1. 选择适宜的地点能更充分的发挥森林浴的作用。如空气清新、负氧离子含量较高、绿色植被丰富、气候凉爽、森林或沐浴场地。

2. 森林浴最好选择着装柔和的棉质衣服为宜，轻便透气的着装。

Firstly, a suitable place is better to make the role of Green Shower fully. Because these places are covered with green plants and have a fresh air. They will have a powerful and temperature environment, such as our park. Secondly, you'd better choose warm clothing that are sweat-absorbed and breathable.

温州花岩国家森林公园管理处
Administration of Huayan National Forest Park（Wenzhou

主要技术指标	
解说编号	26
解说地点	沐雨桥边
解说主题	森林浴
媒体类型	解说牌
长度(mm)	810mm
宽度(mm)	470mm
模型展示	
制作人	
审定人	
设计单位	
时间	

主要技术指标	
解说编号	12
解说地点	百步天梯
解说主题	登山与健康
媒体类型	解说牌
长度(mm)	545mm
宽度(mm)	385mm
模型展示	
制作人	
审定人	
设计单位	
时间	

主要技术指标	
解说编号	13
解说地点	鹅卵石步道
解说主题	鹅卵石对人体有什么好处？
媒体类型	解说牌
长度(mm)	545mm
宽度(mm)	385mm
模型展示	
制作人	
审定人	
设计单位	
时间	

树木对人类的价值

让我们看看树木的功能吧：

一亩树林一天可蒸发水分120 吨；
一亩林地比无林地多蓄水20 吨；
一亩防风林可保护100 多亩农田免受风灾。

一棵树便是一个小型的蓄水库；
一棵树便是一个微型的空气净化器；
一棵树便是一个看不见的空调。

一平方公里绿地可减少噪音16 分贝；
一公顷绿地树木，一天可以消耗掉1000
公斤二氧化碳，制造出730 公斤
氧气，可供上千人呼吸之用。

从上面的数据我们可以看出树木
对于人类的益处是多么大啊！

主要技术指标	
解说编号	14
解说地点	百步天梯
解说主题	树木对人类的价值
媒体类型	解说牌
长度（mm）	545mm
宽度（mm）	385mm
模型展示	
制作人	
审定人	
设计单位	
时间	

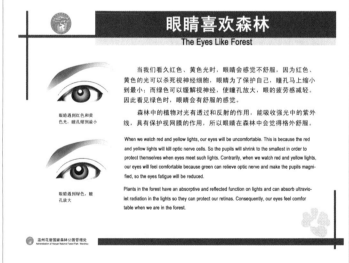

眼睛喜欢森林
The Eyes Like Forest

当我们看久红色、黄色光时，眼睛会感觉不舒服，因为红色、黄色的光可以杀死视神经细胞，眼睛为了保护自己，瞳孔马上缩小到最小；而绿色可以缓解视神经，使瞳孔放大，眼的疲劳感减轻。因此看见绿色时，眼睛会有舒服的感觉。

森林中的植物对光有透过和反射的作用，能吸收强光中的紫外线，具有保护视网膜的作用，所以眼睛在森林中会觉得格外舒服。

When we watch red and yellow lights, our eyes will be uncomfortable. This is because the red and yellow lights will kill optic nerve cells. So the pupils will shrink to the smallest in order to protect themselves when eyes meet such lights. Contrarily, when we watch red and yellow lights, our eyes will feel comfortable because green can relieve optic nerve and make the pupils magnified, so the eyes fatigue will be reduced.

Plants in the forest have an absorptive and reflected function on lights and can absorb ultraviolet radiation in the lights so they can protect our retinas. Consequently, our eyes feel comfortable when we are in the forest.

眼睛遇到红色和黄色光，瞳孔缩到最小

眼睛遇到绿色，瞳孔放大

主要技术指标	
解说编号	21
解说地点	石凳休息处
解说主题	眼睛喜欢森林
媒体类型	解说牌
长度（mm）	545mm
宽度（mm）	385mm
模型展示	
制作人	
审定人	
设计单位	
时间	

森林如何留住水？
How Can Forest Retain Water?

树冠对雨水有截流作用，能减少雨水对地面的冲击力，保持水土；地表枯枝落叶层具有很强的吸水、延缓径流、削弱洪峰的功能。另外，林木根系也会吸取深层土壤里的水分供树木蒸腾，使林中形成雾气，增加降水。

Crown of a tree can intercept rainwater. It can reduces earth's wallop comes from rainwater and conserves water and soil. Surface litter has a strange function on drink water, defer run-off, and weaken the flood peak. Besides, roots of trees can also absorb water in deeper soil in order to make trees transpired, so there will be lots of vapor in the forests and the rainfall will be more too.

你知道吗
- 森林是使一地区降水量平均增加2%~5%；
- 森林的林冠层可截留15~40%的降雨量；
- 地表枯枝落叶的持水量可达自身重千重2~4倍；
- 在林木茂盛的地区，地表径流只占总雨量的10%以下，能有效减少泥石流等自然灾害的发生。

知识小贴士

主要技术指标	
解说编号	33
解说地点	花岩幽胜处
解说主题	森林如何留住水？
媒体类型	解说牌
长度(mm)	545mm
宽度(mm)	385mm
模型展示	
制作人	
审定人	
设计单位	
时间	

树叶为何会变红和变黄？
Why do leaves turn red or yellow ?

这跟叶绿素的含量有关。春夏季节，它的含量多，会盖住树叶中其它色素，而使叶子呈绿色。到了秋季，叶绿素渐渐褪去，这时黄色的叶黄素、胡萝卜素就显示出来。而有些叶子变红是由于叶子在掉落前会产生大量的红色花青素。

It is related to the chlorophyll content. Leaves turn green which dominates color for there is more chlorophyll content in spring and summer than it in fall and winter. when autumn is fallen, the xanthophyll and carotin will show up as the chlorophyll fades gradually. And leaves before falling are become red by the erythrophyl which is produced and tanked.

您知道了吧：
一片叶子的秘密！

主要技术指标	
解说编号	44
解说地点	枫香树旁
解说主题	树叶为什么会变红和变黄？
媒体类型	解说牌
长度(mm)	545mm
宽度(mm)	385mm
模型展示	
制作人	
审定人	
设计单位	
时间	

主要技术指标	
解说编号	27
解说地点	桩23
解说主题	碳足迹与碳补偿
媒体类型	解说牌
长度(mm)	1400mm
宽度(mm)	800mm
模型展示	
制作人	
审定人	
设计单位	
时间	

碳足迹与碳补偿

什么是碳足迹?

碳足迹是指某个公司、家庭或个人的"碳耗用量"或"碳排放量",是一种新的用来测量某个公司、家庭或个人因每日消耗能源而产生的二氧化碳排放对环境影响的指标。"碳"耗用量越高,导致全球变暖的元凶"二氧化碳"就越多,"碳足迹"就大,反之"碳足迹"就小。

什么是碳补偿?

通过投资或购买一些项目活动所产生的减排额度或碳汇额度,以弥补某项活动或个人日常活动中所排放的二氧化碳。

目前,通过开展"碳补偿"活动达到"碳中性",以消除自己"碳踪迹"的做法,受到国内外许多企业、组织和个人的欢迎及重视,被广泛引入一些大型的国内外会议及活动中。

主要技术指标	
解说编号	18
解说地点	桩11
解说主题	看看你身边的"碳足迹"
媒体类型	解说牌
长度(mm)	545mm
宽度(mm)	385mm
模型展示	
制作人	
审定人	
设计单位	
时间	

看看你身边的"碳足迹"

究竟什么是"碳足迹"?

碳足迹是用来衡量我们在日常生活中消耗的二氧化碳的一种方式。无论是开车上班、乘飞机旅行,还是使用电灯电脑,我们都消耗石油、煤和天然气等化石燃料。这些化石燃料在燃烧时,会排放出诸如二氧化碳(CO_2)之类导致地球变暖的温室气体。目前大气层中98%的二氧化碳(CO_2)都是来自化石燃料的燃烧。

A carbon footprint is a measure of the impact our activities have on the environment, and in particular climate change. It relates to the amount of greenhouse gases produced in our day-to-day lives through burning fossil fuels for electricity, heating and transportation etc.

The carbon footprint is a measurement of all greenhouse gases we individually produce and has units of tonnes (or kg) of carbon dioxide equivalent.

小贴士

成年人每日呼吸需要0.75kg氧气,排出0.9kg二氧化碳。一棵树每天可以吸收0.1kg的二氧化碳,0.75kg的氧气。算算您需要几棵树才能提供您的呼吸?

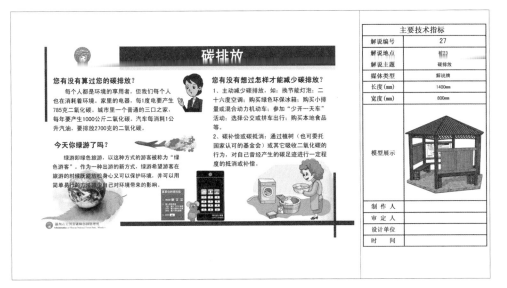

主要技术指标	
解说编号	27
解说地点	桩23
解说主题	林业碳汇
媒体类型	解说牌
长度(mm)	1400mm
宽度(mm)	800mm
模型展示	
制作人	
审定人	
设计单位	
时间	

主要技术指标	
解说编号	32
解说地点	桩9
解说主题	温州水竹
媒体类型	解说牌
长度(mm)	545mm
宽度(mm)	385mm
模型展示	
制作人	
审定人	
设计单位	
时间	

竹子为何节节高？
Why Can the Bamboo Be Successively？

■ 从生物学角度说，因为每一节竹子的细胞都在不停地分裂和伸长，加上竹子没有形成层，不能长粗，所以竹子节节高总是趋势。

■ 从力学角度说，竹子的结构特点十分符合它的自然界中的受力需要。一方面特有的空心圆环形截面保证竹子受压的整体稳定性；另一方面，竹节的存在也保证了竹子的抗扭能力，避免竹子在长高的过程中发生扭转失稳。

In the point of biology, the bamboo becomes high successively because the bamboo cells don't stop the fission and elongation, and don't have the cam- bium so it can't be long and thick.

In the point of biology, the bamboo becomes high successively because the bamboo cells don't stop the fission and elongation, and don't have the cambium so it can't be long and thick.

可使食无肉，不可居无竹；
无肉令人瘦，无竹令人俗；
人瘦尚可肥，士俗不可医。

——宋·苏轼

温州花岩国家森林公园管理处
Administration of Huayan National Forest Park Wenzhou

主要技术指标	
解说编号	16
解说地点	桩5
解说主题	竹子为何节节高
媒体类型	解说牌
长度(mm)	545mm
宽度(mm)	385mm
模型展示	
制作人	
审定人	
设计单位	
时间	

竹子为何开花后便死？
Why does Bamboo Die After Blooming？

竹子一生只开一次花，且结籽后植株就死亡。竹子开花时，把竹叶制造的所有养分和精华都用来开花、结籽。所以竹子开花是一首生命的挽歌，希望能在生命的最后时刻结出自己的果实，再造一片青翠的竹林。

Bamboo blooms only once through its life, and will die after seeding, when flowering, bamboo produces all nutrients and essence of leaves to bloom and seed. So bamboo blooming is a dirge of life, they hope to bear the fruit of their own at the last moment of life and reproduce a verdant bamboo forest.

竹子要长到什么时候才开花呢？竹子开花一般是在干旱异常、严重病虫害或营养不良等特殊环境下，并且竹子由于地下茎纵横交错、互通养分，竹子常常是成片开花、成片死亡，这是竹子不同于其他植物的特殊的生理现象。

When will bamboo bloom? Bamboo generally blooms in the heavy dry, serious pests and diseases or malnutrition, and other special environment. And due to criss-cross and exchanging nutrients of the underground stem of bamboo, they are often into a piece of bamboo flowering, into a film die, which is special physical phenomena of bamboo and different from other plants.

你明白其中的原理了吗？

温州花岩国家森林公园管理处
Administration of Huayan National Forest Park Wenzhou

主要技术指标	
解说编号	45
解说地点	竹林处
解说主题	竹子为何开花后便死？
媒体类型	解说牌
长度(mm)	545mm
宽度(mm)	385mm
模型展示	
制作人	
审定人	
设计单位	
时间	

植物趣味知识

主要技术指标	
解说编号	38
解说地点	溪边平地处
解说主题	植物趣味知识
媒体类型	解说牌
长度(mm)	1100
宽度(mm)	800
模型展示	
制作人	
审定人	
设计单位	
时间	

主要技术指标	
解说编号	38
解说地点	溪边平地处
解说主题	植物趣味知识
媒体类型	解说牌
长度(mm)	1100
宽度(mm)	800
模型展示	
制作人	
审定人	
设计单位	
时间	

植物趣味知识

主要技术指标	
解说编号	38
解说地点	通边平坦地
解说主题	植物趣味知识
媒体类型	解说牌
长度(mm)	1100
宽度(mm)	800
模型展示	
制 作 人	
审 定 人	
设计单位	
时 间	

四季图

主要技术指标	
解说编号	27
解说地点	桩23
解说主题	四季图
媒体类型	解说牌
长度(mm)	1400mm
宽度(mm)	800mm
模型展示	
制 作 人	
审 定 人	
设计单位	
时 间	

典型常绿阔叶林群落结构
The Community Structure of the Typical Ever-green Broadleaf Forest

乔木亚层1：树高13m—15m,如青冈、木荷;
乔木亚层2：树高10m—13m,以石栎、甜槠多见;
乔木亚层3：树高8m—10m,以山杜英、猴欢喜多见。
灌木层：树丛较矮小,高度一般在3米以下,种类丰富,50棵本。
草本层：分布星散,覆盖度20%-30%左右,高1m以下,加藤类显白;
苔藓层：树木常绿,林木多分枝茂出;树冠浓密,平整;树干枝条和露岩表面在湿苔藓分外帐晚中可见到的常梅藤等藤本植物。

The first trees stratum: trees heigh between 13m-15m;
The second trees stratum: trees heigh between 10m-13m;
The third trees stratum: trees heigh between 8m-10m.
The height of fruticose stratum is below 3m;
The herb layer is sortied and comprised of the ever-green bud plants,with the coverage of 20%-30%,height below 1m;
Plants in the moss layer are flexual.Mainly of them have a low height and rarefy from the ground; their crown are dense and smooth.Almost whole trunk,tress and rock' s surface are covered with moss. Liana can be seen in many places.

森林小气候
The Forest Microclimate

森林小气候是指由森林以及林冠下灌木丛和草被等形成的一种特殊小气候。花岩森林公园具有非常宜人的森林小气候,年平均气温在16℃左右,绝对最高温度为37℃,绝对最低温度为一4.3℃,旅游舒服期长,是人们森林沐浴疗养度假的好场所。

The forest microclimate refers to one kind of special microclimate formed forest, the shrubbery and the grass and so on under the forest crown.Huayan National Forest Park has a pleasant forest microclimate and is a good place which people take forest bathe and convalesce, where the annual average temperature is around 16℃,the highest temperature 37℃, the lowest temperature 4.3℃.

主要技术指标	
解说编号	20-1、20-2
解说地点	龙脊栈道
解说主题	花岩植物群落、森林小气候
媒体类型	解说牌
长度(mm)	340mm
宽度(mm)	230mm
模型展示	
制作人	
审定人	
设计单位	
时间	

空气负氧离子与健康
Air Negative Ions & The Health

空气负氧离子浓度与健康关系程度表

| 清草不同地段 | 高寒高温空调室内 | 城市闹市区马路地段 | 现有人居生态优良小区地段 | 公园、城郊田野绿化地带 | 高山及旷野地带 |

负氧离子是空气中一种带负电荷的气体离子,它有着"空气维生素"和"长寿素"的称号,在自然界中,植物的光合作用,瀑布及电闪雷鸣都会产生负氧离子,令人呼吸顺畅,心旷神怡。

Ion is a kind of air negative ions, and has been honored of "air vitamin" and "longevity element". In nature, the plant's photosynthesis, the waterfall and lightning all can produce ionization ions which can make us breathe smoothly and happily.

植物精气的作用
The Usage of Essential Oil

植物精气,又称芬多精,是植物的花、叶、根、芽等组织油腺分泌的一种浓香型挥发性有机物,对植物来说,精气可以招蜂引蝶,帮助传授花粉和传播种子,能够杀死酵母菌和细菌,进行自我保护;对人体来说,精气可以增强人体抵抗力,治疗多种疾病。

Essential oil, also called Phytoncidere, is a full-fragrant-and-volatile organism, which comes from plant's oil gland tissue, such as flowers, foliages, roots and buds. For the plants, phytoncidere can attract bees or butterflies that can pollinate plants and transmit seeds, and also kill microzyme and bacilli in order to protect themselves. For humans, it can promote a person' s resisibility and cure lots of illnesses.

主要技术指标	
解说编号	20-3、20-4
解说地点	龙脊栈道
解说主题	空气负氧离子、植物精气
媒体类型	解说牌
长度(mm)	340mm
宽度(mm)	230mm
模型展示	
制作人	
审定人	
设计单位	
时间	

瀑布碧潭的形成
Form of Waterfall and Pool

瀑布多见于河流上游,瀑布的形成与水流的冲刷有关,水流将陡地较软的岩石翻滚冲去,留下坚硬的岩石,使河床高低悬殊,形成瀑布,而瀑布下方往往形成一个称为瀑潭的深潭,如飞龙潭与双折瀑的形成。

Typically, a river flows over a large step in the rocks that may have been formed by a fault line. As it increases its velocity at the edge of the waterfall, it plucks material from the riverbed. This causes the waterfall to carve deeper into the bed and to recede upstream.

溪流的发源与流程
The Usage of Essential Oil

溪流源头可能是高山,或高山湖泊,或是一条融化冰川;形成的河道取决于地形坡度,溪流流过的岩石类型和地层,溪流在早期高地阶段陡险直翻滚跌落在岩石和巨砾上,切割出陡岸"V"形谷,往下游,河流平滑地流过沉积层,形成弯弯曲曲的河曲,侧蚀产生宽河谷和平原。到达海岸后,河流沉积物形成河口湾和三角洲。

The water in a river is usually confined to a channel, made up of a stream bed between banks. In larger rivers there is also a wider floodplain shaped by flood-waters over-topping the channel. Flood plains may be very wide in relation to the size of the river channel. This distinction between river channel and floodplain can be blurred especially in urban areas where the floodplain of a river channel can become greatly developed by housing and industry.

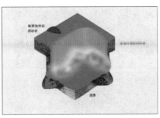

是谁让水如此清澈?
Who Makes the Water So Clean?

森林中的河流或小溪会格外的清澈,主要归功于森林植被,树木枝条、土壤、水中藻类和微生物的共同作用。其中,植被是水的天然屏障;枝叶是水的滤尘器;土壤是水的过滤剂;微生物和藻类是水的净化剂。

Forest vegetations can be a natural barrier to stop humans and animals from affecting water. Tree branches and leaves can absorb the dregginess and dust, especially for trees with flourished leaves and branches which have a strong role of assimilation and absorption. Forest soil isnt eroded easily and can filtrate water. River or streams in the forest are clean because of forest vegetation, branch and leaf of trees, soil, microorganism.

主要技术指标	
解说编号	20-5、20-6
解说地点	龙脊栈道
解说主题	瀑布碧潭的形成、溪流的发源与流程
媒体类型	解说牌
长度(mm)	340mm
宽度(mm)	230mm
模型展示	
制作人	
审定人	
设计单位	
时间	

主要技术指标	
解说编号	20-7、20-8
解说地点	龙脊栈道
解说主题	瀑布碧潭的形成、溪流的发源与流程
媒体类型	解说牌
长度(mm)	340mm
宽度(mm)	230mm
模型展示	
制作人	
审定人	
设计单位	
时间	

动植物图片

主要技术指标	
解说编号	43
解说地点	桩16
解说主题	花岩国家森林公园动植物图片展
媒体类型	解说牌
长度(mm)	800mm
宽度(mm)	500mm
模型展示	
制 作 人	
审 定 人	
设计单位	
时 间	

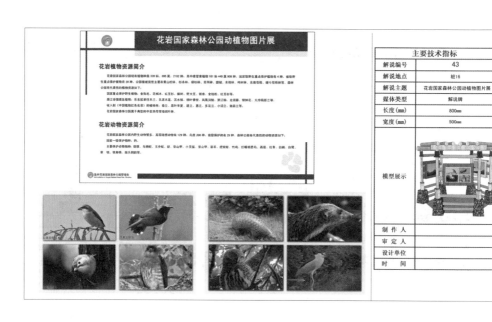

主要技术指标	
解说编号	43
解说地点	桩16
解说主题	花岩国家森林公园动植物图片展
媒体类型	解说牌
长度(mm)	800mm
宽度(mm)	500mm
模型展示	
制 作 人	
审 定 人	
设计单位	
时 间	

警示牌设计

STOP
脚下留情，草坪留青
Please ......
keep off the grass.
芝生を無闇に踏まないで下さい

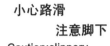

小心路滑
注意脚下
Caution:slippery
滑りやすい、足元に注意して

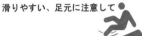

废物不乱扔，
举止显文明。

Do not litter

文明観光、ゴミを投げない

绿色森林是我家，
森林防火靠大家。
keep forest fireproofing in mind

绿の環境は我々の家
森林の消防、ご協力下さい

主要技术指标	
解说编号	1、2、3、4
解说地点	依场地而定
解说主题	温馨提示
媒体类型	解说牌
长度 (mm)	297mm
宽度 (mm)	210mm
模型展示	
制 作 人	
审 定 人	
设计单位	
时 间	

一花一草皆生命，
一枝一叶总关情。
Do not adopt branch
ブランチを?用しないでください

距离产生美，
谢绝亲密接触。
Do not touch
触れないでください

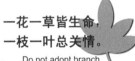
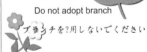

举刀投臂你费力，
伤筋动骨我也疼。
Do not Orieda
ブランチを採用しないでください

主要技术指标	
解说编号	5、6、7、8
解说地点	依场地而定
解说主题	温馨提示
媒体类型	解说牌
长度 (mm)	297mm
宽度 (mm)	210mm
模型展示	
制 作 人	
审 定 人	
设计单位	
时 间	

指示牌设计

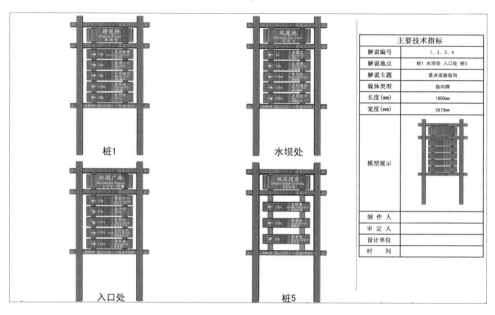

桩1

水坝处

入口处

桩5

主要技术指标	
解说编号	1、2、3、4
解说地点	桩1 水坝处 入口处 桩5
解说主题	景点设施指向
媒体类型	指向牌
长度(mm)	1600mm
宽度(mm)	2675mm
模型展示	
制 作 人	
审 定 人	
设计单位	
时　　间	

温馨提示 + 植物挂牌

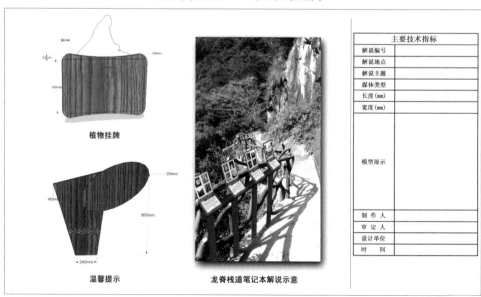

植物挂牌

温馨提示

龙脊栈道笔记本解说示意

主要技术指标	
解说编号	
解说地点	
解说主题	
媒体类型	
长度(mm)	
宽度(mm)	
模型展示	
制 作 人	
审 定 人	
设计单位	
时　　间	

亭子

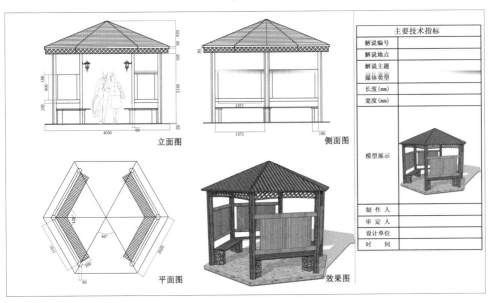

主要技术指标	
解说编号	
解说地点	
解说主题	
媒体类型	
长度(mm)	
宽度(mm)	
模型展示	
制作人	
审定人	
设计单位	
时间	

亭子无遮盖

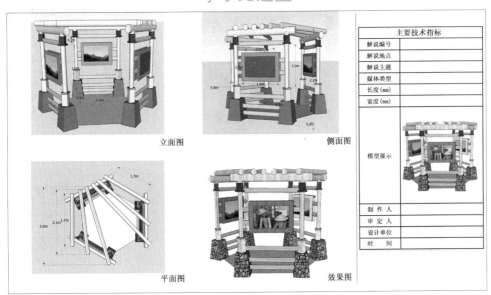

主要技术指标	
解说编号	
解说地点	
解说主题	
媒体类型	
长度(mm)	
宽度(mm)	
模型展示	
制作人	
审定人	
设计单位	
时间	

效果图

主要技术指标	
解说编号	
解说地点	休闲广场
解说主题	
媒体类型	
长度(mm)	
宽度(mm)	
模型展示	
制 作 人	
审 定 人	
设计单位	
时 间	

主要技术指标	
解说编号	
解说地点	休闲广场、桩5、桩15、桩20
解说主题	
媒体类型	
长度(mm)	
宽度(mm)	
模型展示	
制 作 人	
审 定 人	
设计单位	
时 间	

解说小品效果图

主要技术指标	
解说编号	
解说地点	
解说主题	
媒体类型	
长度(mm)	
宽度(mm)	
模型展示	
制作人	
审定人	
设计单位	
时间	

主要技术指标	
解说编号	
解说地点	
解说主题	
媒体类型	
长度(mm)	
宽度(mm)	
模型展示	
制作人	
审定人	
设计单位	
时间	

第三篇　森林公园生态文化解说手册设计示例

花岩森林属于常绿阔叶林，是亚热带区常见的林相，与赤道地区的热带雨林具有很大区别。这里的植物群落一般不高，树冠比较整齐，而且有很明显的分层特征。由高到低分别是乔木层、灌木层、草本层和苔藓层。

走进森林

I 花岩景点篇

品碧潭银瀑

乐峡谷休闲

我是哈哈，土生土长的花岩森林小猕猴，好动，好吃，好奇心强，还爱讲冷笑话。接下来，将由我带您走进花岩国家森林公园，领略原始的自然风光。

这里生活着我的野生动物朋友们，受国家保护的珍稀动物就有七种呢！不过，数成员最多的还是我们猕猴家族。

先说说我可爱的相貌吧！我的生部呈棕色，背上部棕灰或棕黄色，下部橙黄或橙红色，腹部浅灰黄色。鼻孔向下具颊囊。臀部的胝明显。

我们善于攀援跳跃，还会游泳呢！我们都是群居生活，互相照顾，相亲相爱。

猕猴简介 ——哈哈

我们爱吃树叶、嫩枝、野菜等。我们也爱吃水果，但只吃甜熟的果子，未成熟的果子我们不会随便采摘。因此不会浪费粮食噢！

"深山古寺钟声远，翠林碧水韵味"

古钟潭 （一潭）

古钟潭，因潭似一口古钟而得名，该潭由瀑布流水汇入而成，酷似深山幽谷中的一面明镜，潭边一亭，名曰："钟韵亭"。在亭中小憩，四周林木繁茂，山岚习习，潭面涟漪微起，令人心旷神怡。离潭不远处，溪中有两棵罕见树木，六月发芽，十月落叶，故名"不知春"。

青山绿水中，瀑布犹如白色绸缎从天而降，折成两段，故名"双折瀑"。龙井潭和飞龙潭就藏在双折瀑的怀抱里，你发现它们了吗？

龙井潭（二潭），四周清澄谷秀、苔枝劲林。春夏秋冬，风韵各别，景色相宜。潭右侧站立着一块奇石（如图），形似巨人，披带盔甲，你发现了吗？

飞龙潭（三潭），潭深11米，瀑布飞流直下，如白练从高空而泄，落差是22米，山岩将其拦腰分割成均等的两端，潭与瀑布共深33米，民间称为三十三天。

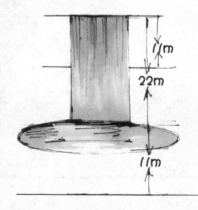

铜镜潭 （四潭）

因碧潭潭水清澈，且呈圆形，形似一面铜镜，故名铜镜潭。静坐潭边，山、水、人融为一体，伴着潺潺的溪流声，令人心旷神怡，顿生超尘脱俗之感。

以铜为镜，可以正衣冠；
以史为镜，可以知兴亡；
以人为镜，可以明得失。

玉瓶潭（五潭）

俯瞰玉瓶潭，潭形酷似半个瓶子，且湖绿色的潭水跟玉制的花瓶一样。潭水的水温特别低。潭边有两条风格迥异的瀑布，一柔一刚，汇成一条，注入玉瓶。

琵琶潭 七潭

因碧潭形似一把琵琶而得名。琵琶潭潭水很深，却看不透潭水。"先手弄琵琶，琵琶清服响叮咚叮咚。"

洗心潭 六潭

俯瞰此潭，成一个心形。据说，潭中的水能清除身体上和心理上烦恼和忧愁，故名"洗心潭"。

溅玉潭 八潭

溅玉潭即八潭，碧潭旁的"珠穿瀑布"击打在巨石上，溅起点点水珠，碧玉瞬间碎成银珠，故称溅玉潭。一只只电凝碧于此，你发现了吗？

九龙潭 九潭

临近山顶，一泓碧潭呈圆形。潭虽小，却是九潭中最深的哦。潭旁有个龙吟池，在枯水期，若石裸露，极似巨龙。

天外飞瀑

仰望瀑布，犹如从天而降的一块白布，悬挂在青山奇石之间，秀雅而美丽，伴着潺潺流水声，营造了一个世外仙境的氛围。

瀑布半上天，
飞响落人间。

花岩寺

Ⅱ 花岩动物篇

野猪传

野猪，体躯健壮，四肢粗短，头较长，耳小并直立，吻部突出似圆锥体，犬齿尖锐，并向上翻转，身披有刚硬而稀疏的针毛。野猪行踪神秘，一般早晨和黄昏时分活动觅食，是否夜行尚不清楚，中午时分进入密林中躲避阳光，它还喜欢在泥水中洗澡，通过哼哼的叫声来进行远近距离的交流。栖息于山地、丘陵、荒漠、森林、草地林丛间，适应性极强。

云豹

云豹因其身上有云状的灰色或黑色斑点得名。是大型猫科动物中体型最小的一种，它们只有一米长，体重在10到25kg之间。

云豹白天休息，夜间活动，爬树本领非常强，喜欢在树枝上守候猎物，待小型动物临近时，能从树上跃下捕食。但不敢伤害野猪、牛，也不会攻击人的哦！

山岩动物

你看到我了吗？

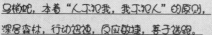

乌梢蛇，本着"人不犯我，我不犯人"的原则，深居森林，行动迅捷，反应敏捷，善于逃跑。

五步蛇，剧毒，栖息于山谷溪涧附近，不咬事，不主动攻击，药用价值高。

画眉，主要栖息于海拔1000公尺以下的山丘浓密灌木林中，喜欢在晨昏时于枝头上鸣唱。画眉性格隐匿，胆小，领域性极强。来到这原始的森林里，你听到它们的歌唱了吗？

百啭千声随意移，
山花红紫树高低。
始知锁向金笼听，
不及林间自在啼。

《画眉》欧阳修

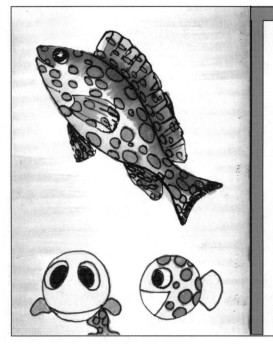

石斑鱼

石斑鱼体椭圆形，侧扁，头大，吻短而钝圆，口大，有发达的铺上骨，体被细小栉鳞，背鳍强大，体色可随环境变化而变化。

在这清澈见底的溪流里，您发现这可爱的鱼儿了吗？

蜘蛛修房子

蜘蛛"修房子"即为结网，你知道它是怎么结出一张漂亮的网的吗？

1）向空中放出一根长长的"搜索丝"；
2）放出一根承重丝，并在这根丝的中段加上第三根丝成丫状；
3）加上50多条丝形成一张网的雏形；
4）铺设螺旋线，纺织成网。

因为蜘蛛丝是一种多蛋白，十分粘韧坚韧，而具弹性，吐出后遇空气而变硬，所以蜘蛛网很牢固的哦！

八卦网

你还见过蜘蛛网的其他形状吗？

Ⅲ 花岩植物篇

温州水竹，水竹竹身细长，节间长，色青，鞭节间较短；根系发达。广泛分布于长江流域，为经济竹种。

高楼杨梅

作为高楼乡的特产，高楼杨梅"颗大、色润、汁多、味重"。杨梅虽然好吃，但也不要多贪嘴！一次性最好只吃五颗以内，吃完后及时漱口，以免损坏牙齿。

好大的杨梅哇！

金毛狗

　　大型树状陆生蕨类，体形似树蕨，根状茎平卧，粗大，端部上翘，露出地面部分被金毛色长茸毛，状似伏地的金毛狗头，故称金毛狗。孢子囊群生于小脉顶端，形如蚌壳，也颇具特色。

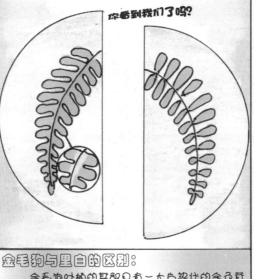

你看到我们了吗?

里白

　　大型陆生蕨类植物，根状茎横走，被宽披针形鳞片。叶互生，照面扁平；顶芽密被棕色披针形鳞片；羽片坚纸质，背面粉色，幼时背面及边缘有星状毛，后脱落；对生近平展，椭圆形。

金毛狗与里白的区别：
　　金毛狗叶柄的基部具有一大片亮黄的金色茸毛，它幼叶刚长出时呈卷状，也密被金色茸毛；里白则没有。

藤缠树，是藤与树相互依偎着生长，相互取舍各自的所需所弃。所以，人们又叫它们"同生树"。

① ➡️ ② 果实开裂

这棵树是猴欢喜。为什么会结出这么可爱的五角星果实呢？成熟的果实①自然开裂5至6瓣，显露出深棕色种皮和褐色种子，就像五角星或大角星一样挂满枝头，很讨野生猴类喜爱，所以叫"猴欢喜"！

根劈岩

一棵大树，赤裸裸的根系扎在岩石上，慢慢地，将岩石撑开一条缝隙，在长粗的过程中，岩缝被迫不断地张裂，这一植物现象，就叫做根劈岩。

咬定青山不放松，
立根原在破岩中。
千磨万击还坚劲，
任尔东南西北风。

树瘤

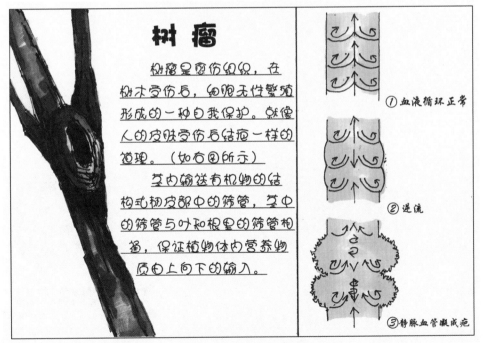

树瘤是愈伤组织，在树木受伤后，细胞无性繁殖形成的一种自我保护。就像人的皮肤受伤后结疤一样的道理。（如右图所示）

茎内输送有机物的结构式韧皮部中的筛管，茎中的筛管与叶和根里的筛管相通，保证植物体内营养物质由上向下的输入。

①血液循环正常

②逆流

③静脉血管瘀成疤

IV 花岩常识篇

我是负氧离子，游离在空气中，无色无味，所以你看不到我的哦！空气分子在高压或强射线的作用下被电离所产生的自由电子部分被氧气获得，因而我就诞生了！

知道吗？我是空气中的维生素呢！就像事物中的维生素一样，对人及其他生物的生命活动有着十分重要的影响。

负氧离子自述

在森林中，住着我的好多好多同胞。当我们进入你的体内时，会让你生脑清醒，呼吸舒服和爽快哦！

森林浴

① 林间步行，上下爬动，只要出汗，以有疲劳感为最好；
② 施择步行目标里程，走了2公里后只要快步走，速度以边走边与人正常交谈为宜；
③ 置身于密林深处，与大自然无声对接，这种自然而然的静思最舒心。

独卧石步道

您知道赤脚走卧石步道的好处吗？

脚是人的第二心脏，脚底密集着微细血管，布满着神经。踏着石子路凹凸出的卧石走一走，能摩擦脚底的涌泉穴，刺激脚板神经，促进血液循环，长期坚持锻炼，既可消除疲劳又可强身防病，增强免疫力，清除器官障碍，达到有病治病，无病强身的功效，尤其是对中老年人来说更是一种方便、有效、实际的治病保健方法。

刚开始走卧石路时脚底会被咯痛产生一种轻微疼痛感，这时一定要有忍耐性，坚持走下去。但走的时间不要超过15分钟喔！

好舒服啊！

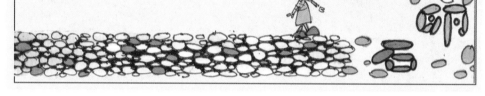

碳足迹，它标示一个人或者团体的"碳耗用量"。"碳"，就是石油、煤炭、木材等由碳元素构成的自然资源。"碳"耗得多，导致地球暖化的元凶"二氧化碳"也制造得多，即"碳足迹"大，反之则小。

C 碳足迹

那么，怎么减少碳足迹呢？
①尊重生态自然，有自觉的环保观；②使用荧光灯，它比白炽灯至少节电66%；③旧物捐赠；④节约用水；⑤多乘公车或步行上班，或者改低油耗型小车。

CO_2

花岩

"看到石块上的我了吗？能猜出我是谁吗？"我是一种鳞片状地衣，形小，似叶片，与基物附着较松，可以与基质剥离。分泌多种地衣酸可腐蚀岩石面，使岩石表面逐渐龟裂和破碎，加之风化作用，逐渐在岩石表面形成土壤层，为其他高等植物的生长创造了条件。因为我的装饰，岩石变成了"花岩"的哦！

树干为什么是圆的？

你注意过吗？所有树干都是圆的呢！在周长相同时，圆形在所有几何形状中，具有最大的面积。因此，圆形树干、树枝中导管和筛管的分布数量要比其他形状的多，其输送水分和养料的能力就强，更有利于树木的生长。

植物的"脉搏"

植物树干有类似人类"脉搏"一张一缩跳动的奇异现象……

原来，在太阳从东方升起的时候，植物的枝干就开始收缩。到了夜间，枝干便开始膨胀，延续到第二天早上。植物这种日粗夜细的搏动，每天周而复始。但是膨胀略大于收缩，这是植物长粗的秘密呢！

我们有脉动，也可以跳舞！

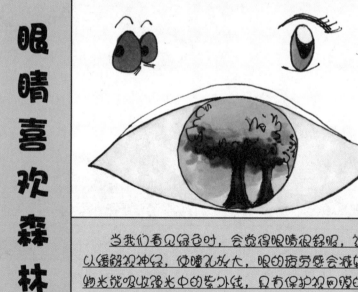

眼睛喜欢森林

当我们看见绿色叶时，会觉得眼睛很舒服，这是因为绿色可以缓解视神经，使瞳孔放大，眼的疲劳感会减轻。森林中的植物光能吸收强光中的紫外线，具有保护视网膜的作用。所以在森林中，眼睛会觉得格外舒服。